U0334060

母子齐动手，快乐玩收纳

［日］铃木尚子　著
李昕昕　译

序

我想，迫切地需要这本书的帮助的读者朋友们，一定都被生活的压力追赶着。她们心里一定在想，“要是我家孩子也能自己收拾东西就好了”，“孩子们就会捣乱，房间都不像样了……”在这里，我想在读者朋友们迫不及待地翻开这本书之前，跟大家说一说心里话。

其实，我小时候对收拾房间一窍不通。一步步地攻克难关、克服恐惧，成为收纳达人，还是在我做了母亲以后。

小的时候，不擅长收拾整理的我经常被爸妈训斥。下定决心走上收纳之路，还是在十年前长子刚刚出生的时候。当时我刚刚辞去了工作，一心一意地做起了家庭主妇。与此同时，又被铺天盖地席卷而来的家务育儿等生活琐事愁得天昏地暗。孩子调皮，往往带不出门，就只能和孩子们一起在家里宅着。

这样一来，和孩子共处的空间也就遭了殃。

清晨，听到孩子的叫唤声，匆匆忙忙停下正在拧干衣服的手，喂牛奶、哄睡着……回过神来已经过了正午时分。脏衣服还没洗，洗好的衣服还没晒，没有收拾的东西散落一地到处都是。东西本身就多，再加上没有收拾，整个房间简直就像一个垃圾场。久而久之，整个人的心情都不好了。

不知是“物乱则心乱”，还是“心乱则物乱”，但可以肯定的是，当时做什么都不顺利，对孩子心生倦怠，夫妻关系也变得紧张起来。家里常常弥漫着浓浓的火药味，心情不好的我常常莫名其妙地大发脾气。

在这种没着落的状态中蛰伏了一段时间后，我突然想明白了：“我的不开心只能让周围的人感到痛苦，除此以外不会给现在的生活带来任何转变！我必须要改变生活！”心生此念后，我开始了我人生的一次重大转折——清理抽屉。

“收纳，改变生活的魔法！”

亲身感受到这一点后，我迫不及待地将这种感受分享给身边的每一个人，又刊载在自己的博客上……终于取得了资格证书，成为了生活收纳达人并开始了自己的事业。我通过切身感受，立足于“收纳，与内心息息相关”这一点，得出了“收纳生活，要从整理重要的价值理念和思路开始”这一结论。

成为生活收纳达人之后，我登门拜访了很多家庭，以提供收纳方案，进行讲座、演讲的方式为他们排忧解难。

“为什么我就是没有收纳细胞呢？”

只要想清楚这一点，无论是空间、时间，还是想法、思路，都能有条不紊地展开，生活也会越来越好。

“为什么收拾不好？”“什么时候才能学会整理？”“为什么我就是对收纳一窍不通呢……”

无论是妈妈们还是孩子们，有着诸如此类收纳烦恼的群体恐怕不在少数吧。

每个人都会有短板，但只要和自己的短板正面相对，朝着战胜短板的目标，用自己的方式和行动不断努力，就一定能够抵达成功的彼岸。

最初的时候，可能需要经历一段与无能的自己同行的道路。但只要走过这一阶段，之后便是“而今迈步从头越”的康庄大道了。我相信，到达终点的那一刻，你一定会变得神清气爽、潇洒快乐。

收纳，不仅仅是为了迎接朋友的登门拜访，抑或是应付婆婆的大驾光临，而是让每一个妈妈都能和家人舒心快乐生活的一种手段。对家人来说，房间就是一个避风港。无论在外面发生了什么，只要回家，就能自在。然而，如果回到家里，看到的是烦躁阴郁的女主人站在散乱无章的房间里这样一番景象，心中反而会更加郁闷吧。

不管怎么说，对于一家之主的妈妈来说，重要的是创造舒心快乐的家庭氛围。干净舒爽的房间一定能带来空间、时间、心灵的平静，一定能重塑自信快乐的妈妈。

和我一起快乐收纳吧！快乐收纳，根本停不下来！

假日里的某一天……

Ok，let’s go！孩子们的收纳比赛开始了。

结果怎样呢？让我们拭目以待！

分分钟恢复原貌

孩子们是有收纳天赋的！

玩的时候任性地玩，收拾神马的都是浮云！

我们家也常常发生玩具箱翻倒在地等灾难。

从前，没有让孩子们自己收拾房间的时候，我常常扯着嗓子一遍又一遍地说："跟你们说了多少遍了，不要把这些搞得到处都是！"后来我发现，只要告诉孩子们对的收纳方法，孩子们也可以在几分钟内将房间收拾得整整齐齐。

目录

第 2 章 收纳前的思想觉悟篇

第6章 致妈妈们：加油！

儿童房间大改造

现在的房子是八年前完工的。当时长子还不到三岁，次子还没有出生。

尽管如此，还是抱着想要两个孩子的念想，设计了两个儿童房间。

虽然怀揣着无限希望，但苦于装修费十分拮据，便果断将两个儿童房间的墙壁装修费用省下了。（笑）

“如果次子是儿子的话，就让兄弟俩合用一个房间好啦。”

至今依稀还记得当时的这段对话，但是呱呱坠地的却是一个小公主。

今年长子已经是五年级的小学生了。长女也渐渐长大，就要上小学了。

虽然兄妹二人关系很好，但所谓“男女有别”，兄妹二人喜好的差异越来越大。再者，同居在一个房间里，时常有互相推卸责任的情况出现。“这是妹妹用过的，我才不收拾呢。”“这是哥哥的东西，我才不管呢。”

因此，我们将兄妹二人的东西划清界限，又将房间一分为二，楚河汉界，井水不犯河水。

当时我们想着，已经到了应该给孩子们构筑属于他们自己的空间的时候了。于是我们开始讨论是不是应该在房间中设一个屏风，把房间一分为二。

就从那时起，我开始记录这本书中的点点滴滴，发起了一人一屋的房间大改造。

选用白色的一体家具，将突兀感降到最低。

狭窄的房间容易给人压迫的感觉。白色壁橱凸显一体化，
陶瓷把手略添华丽感，IKEA 家具既实用又便利。

“私有物品”明确化

只放属于自己的物品！即使孩子还小，也能一目了然。

增添“成长元素”

再长大点的话，是不是有必要给篮球、吉他这样的大件物品留点空间？
抱着这样的想法，在现有的空间里留点位置吧！

所有物品定点定位

这个应该放哪里？那个又该放哪里？对于不会整理的儿子来说，
将所有物品放置在一目了然的位置上才是最好的收纳方法。

要点是点缀的那抹黑

帅气的房间 = 黑色的风格！为了回应持有这种想法的儿子，
选用黑色小物件来点缀天然植物、白色墙壁。

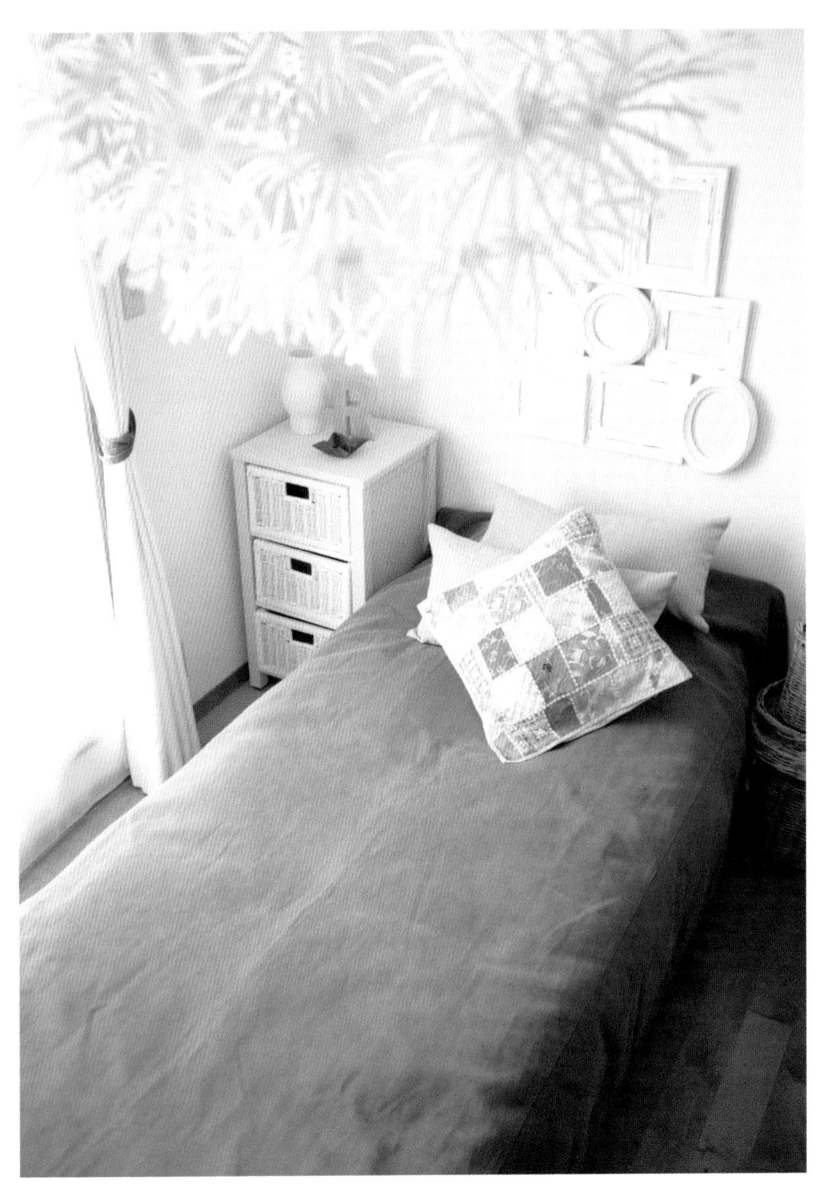

以适合小公主的高贵紫为主色调

关键在于用澄澈紫搭配薄荷绿。有点可爱，又不失淑女的平静空间。

第1章

收纳，让妈妈们拥有属于自己的时间

1 让妈妈们拥有属于自己的时间

收拾房间……

听到这四个字，立刻就像戴上了一枚紧箍咒。相信正在品读这本书的不少读者深有同感吧。认为收拾房间既麻烦又辛苦的朋友们，恐怕也不在少数。

虽然大家内心深处都明白收拾房间的重要性，但恐怕脑海中都堆砌着一大堆不想做、不愿做的理由吧。“没什么时间呐！我最近精神压力好大的！实在是太累了！”

每一天，我们都会重复着拿出放回的简单动作。即使只做一道菜，也要拿米拿锅拿蔬菜拿碗碟……一遍又一遍地重复着拿出和放回。像这样即使感觉到不方便、不舒适，但每天仍在脏乱的厨房里做菜的家庭，想必也不在少数吧。

如果能将这些机械动作流畅地串联起来，形成高效率的操作流程，一天下来恐怕也能省下好几个小时吧。

如果孩子学会自己的东西自己操作自己收拾……让我们尽情地憧憬一下。

没错，让孩子自己收拾房间，让妈妈们拥有属于自己的时间。

对脏乱的房间睁一只眼闭一只眼，为了逃避和朋友们一起去吃饭，回家后被深深的罪恶感吞噬；即使想出去工作，但满眼的脏乱，唯有无奈放弃……这样的例子不胜枚举。

对每个人都极其宝贵的自由时间，对妈妈来说也同样珍贵。如果一天到晚家务缠身，连歇口气的工夫都没有，这样的妈妈一定也会变成不开心的妈妈。

现在的妈妈们太辛苦！如何有效使用自己的时间，关乎内心与生活。无论是和孩子们一起玩耍，还是让自己修炼得更加美丽动人，抑或是学习充电，这一切的一切都需要时间。

“为什么我老在整理房间？”

我打心眼里明白大家的这一声痛苦呐喊。但是不管怎样，请相信这必将成为美好未来的一部分。和我一起开启收纳的旅程吧。

2 即使没有楚楚动人，也不至于不能见人

自从变身收纳达人以后，我收到很多妈妈的来信，希望能够获得咨询、参与讲座。讲座总是在公布后火速报满，并且座无虚席。大家对收纳方面的知识渴求可见一斑。

去书店转转，发现收纳类的书籍琳琅满目。如今，家务类的博客也大有人气。现在让我们安静地想一想，为什么大家对如何收纳、如何做家务那么感兴趣呢？

大家可能会异口同声地回答："擅长的人当然会这么问。擅长收纳、擅长做家务，这是与生俱来的天赋。我既没有天赋，又没有这方面的才能，所以做不好。"

确实如此。收拾房间需要大脑的灵活运转，属于复杂操作。即使

简单地判断物品是去是留，脑海里就会浮现出各种回忆，思考着使用频率、放置场所……简直像拼图一样，需要绞尽脑汁、思考良久。

这么麻烦琐碎的工程，却几乎没有可以学习和借鉴的经验。大家都只是照搬父母、老师的那一套老方法，照葫芦画瓢。

我这个人也完全没有收拾的细胞，找不到的物品总要找上大半天。我想，这肯定是因为性格邋遢散漫的缘故吧。

但是，事实并非如此。**正确无误的流程＋适合自己的收纳＝最重要的事**。迄今为止前来咨询的客人们也都验证了这一点。只有适合自己的，才是最好的收纳方法。

收纳的书籍看了好几本，但依旧收拾不好房间，这是因为作者的收纳宝典并不适合每一个读者的缘故。只有找到适合自己的收纳方法，才会拥有未曾体验过的快乐与激情。

我也正是抱着克服收纳恐惧的初衷，思考着诸如“要买哪些收纳工具呢”“从哪里开始收拾比较好呢”之类的难题，尝试着各种各样的方法，不断尝试、不断改善，如此循环往复。

加之完全没有装饰细胞，当初不顾一切、头脑发热购置的物品让我苦不堪言。结婚伊始熟人送的新婚礼物、不管三七二十一买下凑合着用的家具……真是往事不堪回首。

每每看到杂志上刊载的漂亮装饰以及朋友家的漂亮房间，我总是懊恼地想“为什么我就是没办法做到呢……”

我常常想，这就是有审美观的人不费吹灰之力构建出来的美丽空间吧。

一路走来，我花费了太多的时间和精力，体味了太多的心酸与艰辛。

当我真正意识到“收纳没有正确的方法，真正适合自己的方法才是最正确的方法”时，已到了第三个年头。当我真正意识到“生活就是和自己真正需要的人和事物一同度过的过程”时，又过去了三个春

六年前的客厅

连窗帘都无法自己做主，就这样度过了整整一年的透明岁月。（苦笑）

秋。六个年头后，终于可以过上清爽畅快的生活了。“什么能让我感到快乐？”“我到底喜欢什么样的装饰？”终于搞明白这些深刻的问题时，九年已经逝去了。

亲爱的读者朋友们，你们肯定不会愚笨如我这般，耗费那么多的年岁。如果读到一半，突生“这样的方法并不适合我”的念头，请不要犹豫，赶紧把这本书转手他人吧。

“这个方法挺好的，要不试试看？”“就这一点来说，我可能一直都做错了吧。”如果产生了诸如此类的同感或共鸣，请务必勇敢地尝试地做一次。成功或失败，这是收纳的必经之路。失败乃成功之母。没有失败，如何发掘真正适合自己的收纳方法呢？

3 先从搭建生活的基石做起

所谓收拾房间，就是把凌乱的物件放回原处的过程。但如今，收拾已然演变成了将凌乱的物件（由于没有原处）挪到不碍事的第三处。饭桌上的信件、学校里的讲义、没读完的杂志、妈妈的笔记本和化妆包……饭点前将其拾掇到一边，抑或是堆放到旁边的橱柜上。这便是简单的转移。瞧，在杂物堆的阴影之下吃饭的孩子们……

某一天，家里要来客人了，于是将客厅各处的杂物堆都一股脑儿地拾掇进纸袋里，一不会儿便拾掇出几座大山般的纸袋堆。真是所谓的“积土成魔窟”，事态已经严峻到重要物品怎么找都找不到的地步了。

说到底，收拾房间就是出于家丑不可外扬的心理，在客人来访前的一番整顿。但这并不是指家里什么也不购置、什么也不装饰，仅仅整洁干净就可以了。**本质上，收纳是为了让家人快乐生活而存在的，**通过收拾，创建一个想拿什么能够顺手拿到、自己和家人都能感到快乐舒适的空间。

如上所述，收拾就是把散乱的物件放回固定的位置。对于没有固定位置的房间来说，收拾就是把物品来来回回不停地移动位置，因此也就没有特意去做的必要。

这个到底放哪儿好呢？

这个以后能用得到吗？

对我来说，人生的必需品是什么？

收纳是为了过好想过的生活而在某时某处持有某物并安置在某处的总结。想好这些问题后，才能真正将收纳做到驾轻就熟。如果“生活的基石”没有搭建成形，收纳也就无从谈起。同样的道理放在孩子身上也是如此。

如今，回首过去的岁月，常常感慨万千。以前对我来说，收纳就是把东西从右边搬到左边，往间隙里尽可能多地填满物品……如此一天又一天，一天结束了就将东西收回原位，每天都被收纳追得喘不过气来。

所以，先扪心自问“我想过怎样的生活？”“收纳的障碍在哪里？”“怎样做才能一点点地接近目标？”**生活收纳要从理清思路开始。选择出自己的必需品（整理），再用适合自己的方法收拾（收纳）。**生活的基石建好后，每天的收纳生活也会随之轻松起来。

还有就是，要以旁观者的角度重新审视自己的生活。也许你觉得这是在绕远路，也许你认为这是浪费时间。但跳出去重新看一看，这会让你的生活更加舒畅。最后，我想对工作压力很大的妈妈们、孩子尚小的妈妈们说，如果在一段时间里真的没办法做好收纳的工作，也可以把闹心的事情丢给收纳专家，自己摆平剩下的事情就可以了，真的没必要自寻烦恼哦。

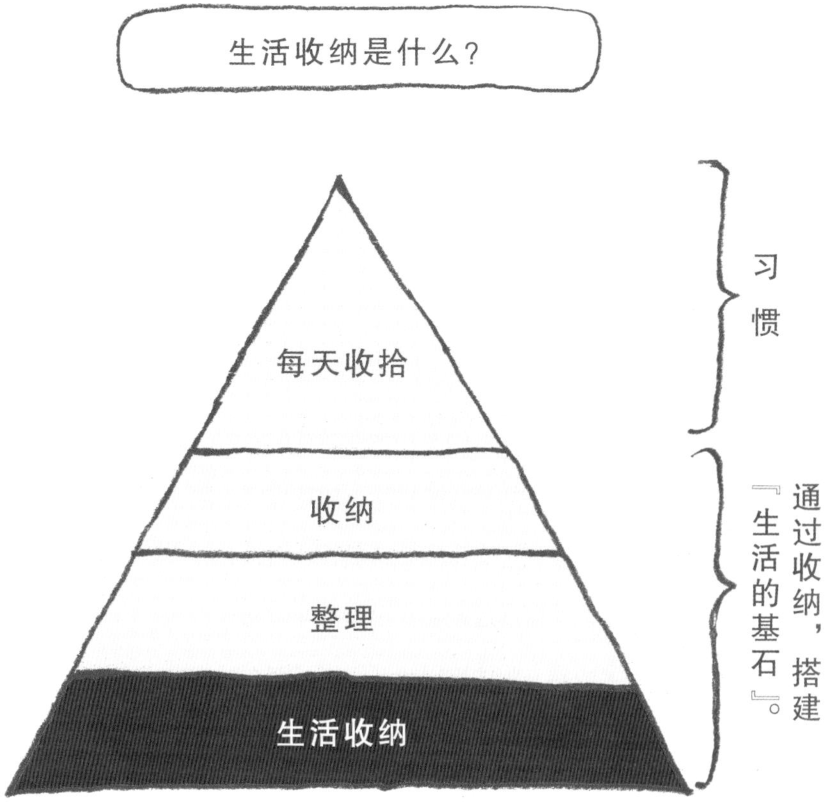

生活收纳是什么？

每天收拾

收纳

整理

生活收纳

习惯

通过收纳，搭建『生活的基石』。

4 收拾前先想想家人的幸福吧

好多人跟我说，希望可以变身收纳达人。但是我认为，比起收纳本身，更重要的是**思考通过收纳你想实现怎样的目标。**

如何才能让丈夫体味到“金窝银窝不如自己的小窝”？

如何给孩子们营造一个安全舒心的成长环境？

对妈妈们来说，如何度过阖家欢聚的美好时光？

这些答案因家而异，收纳也因此而获得了存在的意义。

在清爽的客厅里，吃着妈妈做的小菜，用喜欢的玻璃杯浅酌两杯啤酒，这便是爸爸心中隐秘的渴望。

为了实现爸爸的心愿，整理冰箱、收拾厨房，再让爸爸自己决定玻璃杯的摆放顺序。

对孩子们来说，现在需要的可能是一块空地，可以尽情铺展自己最喜欢的玩具火车，然后肆意地玩耍。等到稍微长大些的时候，为了考上自己梦想的高校，这份需求可能就变成了一个安静舒适的学习环境。

如此这般，一边想象着现在和未来的情景，一边思考着“现在的我最需要什么”“怎样做才能生活得更轻松”，这样的思考流程至关重要。

我登门造访过千家万户后发现，并不是所有干净整洁的家庭都是幸福的，看起来凌乱却充满欢声笑语的家庭也不在少数。

对自己来说，最舒适的空间是怎样的？

收拾后，最想收获怎样的欢聚时光？

首先，请好好想一想我们的目标。

之后，我想对读者妈妈们说点心里话。我想但凡买了这本书的妈妈们，一定都十分关心自己的孩子们，并且对孩子们寄予厚望吧。我希望妈妈们先将心中浓烈的爱与祝福放一放，姑且冷静地思考一下。

现在孩子们还小的时候，我们打理的对象是物品，其中大多数都是“有形物品”。

但是孩子们长大以后又该如何呢？除了这些显而易见的“有形物品”之外，时间的安排与分配、时间表的设置、财务的使用方式、信息的梳理、人际交往的梳理等等都是必不可少的。

没错，“无形物品”的收纳与整理是幸福生活的充要条件。

就收纳而言，“有形物品”是“无形物品”的预热与前奏。

小时候养成的习惯，长大之后也会受益匪浅。待到少年初长成后再伺机培养，既耗时间又费劳力。因此，所有的妈妈都应该在孩子们还不通世故的童年里好生教导，充分培养礼仪和习惯。

人随环境而改变。环境的营造，不仅靠孩子们，还要靠妈妈们。和婴儿的自主翻身、本能爬行不同，收纳本领是不会从天而降的。将收纳本领习惯化，既不靠学校，也不靠社会，关键还在于普天之下的妈妈们。

5 妈妈的工作就是传递美丽

我去过很多家庭，倾听过很多苦衷和烦恼，也传授过很多方法和心得，但听到最多的疑问果然还是“这个可以放在这里吗”“这个放这里妥当吗”等。

我们的房间该如何布置呢？

这个问题，恐怕是没有参考答案的。妈妈们关注的不该是正确的操作方法，抑或是拘泥于美观的外表，而是**将“舒适即美丽”这种内在美的思想传承给自己的孩子们**。

孩子们还不会说话的时候，看到漂亮的鲜花，妈妈们都会下意识地说一句“花儿真漂亮”。孩子们还在蹒跚学步的时候，看到漂亮的鲜花，妈妈们都会笑着说一句“花儿真漂亮”。一日，孩子们突然张口，含糊不清地说出一句“妈妈漂亮，妈妈漂亮”。

绽放的笑容，轻松的语调，将妈妈的喜悦心情传递给了孩子。正因如此，孩子们也有了传递快乐和美丽的意愿吧。

对孩子而言，妈妈的笑容是最美丽的。

不擅长家务和收纳的妈妈们恐怕不在少数。但比起具体操作，“收拾时的姿态、收拾后的畅快”这样的情绪传递更为重要。

6 收纳教会了孩子们……

不擅长收拾和整理的妈妈们的背后，不仅有散乱无章的房间，想必还有数不清道不尽的烦恼吧。

比如，没有严谨的时间观念，经常迟到，处理问题不懂轻重缓急，经常丢三落四做无用功，不能按时完成工作等等。

我身边的生活收纳达人中，有很多都曾是收纳障碍人士。当然，我也是其中之一。自从学会了收纳这门手艺，生活随之改变，之前的烦恼也一扫而空了。

收纳能教会我们很多道理。

- 对我们来说最重要的事情、最关切的物品是什么？

  → 逐渐地培养了我们从繁多的信息和冗杂的物品中懂得取舍的选择能力。

- 放在何处、怎样摆放使用起来更方便？

  → 逐渐地培养了我们为了营造舒适愉快生活环境而不断反思的思维能力。

- 以何种顺序和流程才能更有效率，才能成为生活收纳领域的艺术大师？

  → 逐渐地培养了我们理性周到、有条不紊的处事能力。

除此以外，还有敏锐察觉到不便不适并加以完善的洞察力、在共享空间处多为他人考虑的感受力等等。收纳作为一种生活态度、一种生活方式，教会了我们许许多多至关重要的道理。

那么，教育的终极意义是什么呢？进名牌大学，还是一流企业？

我想，除了实现自身价值、达成个人梦想，还有一项非常重要的内容。

现在的妈妈们都不愿意被戴上失败的帽子。这种畏惧失败的心理，让很多妈妈疯狂选购各种收纳家具和物品。以前的我虽不服输，但始终秉持着破罐破摔的性格。为了不让孩子们磕着碰着，我总是事先做好一切。

但如今我发现，在教育中更为重要的是“反思失败的原因，培养成功的能力，做一个有责任心有担当的人”。

所以，和孩子们一起，尽情地享受收纳的乐趣吧。如此，孩子们一定能得到在经济、生活、精神等方面的成长。

收纳教会了孩子们……

决断力

规划力

执行力

忍耐力
意志力

思考力

7 “妈妈，收拾东西真好玩！”——收纳的成功秘诀

我的客户中十有八九都是妈妈，抑或是即将成为妈妈的女性朋友们。

每逢收拾整理不顺心，抑或是空间不够、难题诸多时，妈妈们都会异口同声地向我抱怨“孩子们都不知道自己收拾，房间里乱七八糟不忍直视”。

去现场侦察一番后大跌眼镜。冗杂的玩具、庞大的家具、成堆的书本……如此惨状，无从下手也就不足为奇了。

和孩子们一起收拾一番后，我发现，只要把握住孩子们的性格特征，选取合适的收纳方法，不管多小的孩子都能掌握收纳这门手艺。

而且，与妈妈们口口声声的“不懂收纳”背道而驰，孩子们比大人更擅长收拾和整理。没错，事实的真相是孩子们都会收纳。

正如每次我在讲座中强调的那样，重要的是“真开心”“我能行”这种积极的心态。要坚定地相信没有无法收拾的房间，没有无法解决的难题。

首先，从容易上手的简单收纳开始。一边观察孩子的行动，一边让其充分享受收纳的快乐。对于有些难度的收纳，一边向孩子们演示该如何操作，一边鼓励孩子“如果下次能做到这些就更好啦”，与此同时布置下次的任务。在孩子们养成自觉收纳的习惯之前，循环往复几遍。

在这个过程中，对孩子们的努力给予适当的鼓励和表扬也是非常重要的。“你真努力”，“你好厉害”，“你真棒”，寻找孩子们身上的闪光点，用真诚的语言勇敢地表达心声吧。

孩子们的注意力因年龄而异。如果时间过长，极有可能让他们产生厌恶情绪。用适当的方式、适宜的时间，加之“完成了就给你吃点心哦”之类的奖励，收纳这件痛苦不堪的事也会变得驾轻就熟起来。

妈妈们明媚的笑容映衬着“真舒服！真清爽！”之类的赞美之词，为母子间的快乐时光画上了一个个完美的句号。

8 妈妈的背影是孩子收纳的榜样

孩子们都是收纳达人哟！话虽如此，但是哪怕已经营造了良好的收纳环境，如果妈妈的行为一成不变，孩子们的收纳能力也很可能会被打回原形。令人遗憾的是，这个过程可能只要一眨眼的工夫。

“收拾一下房间”，这句话不管重复多少遍，如果客厅、卧室堆满了妈妈的衣物，甚至在孩子们的地盘里也随处可见，这种状态下的孩子们也会自然而然地认为收纳是件愚蠢的事情吧。在教授孩子们收纳方法的同时，妈妈们也要以身作则地收拾房间。即使收拾得不好也没有关系，将努力的背影留给孩子同样重要。

如果平日里住惯了规整的房间，一旦屋子有些凌乱，孩子们就会感到不习惯。这样，收纳就会成为一个家庭的习惯并沿袭下去。妈妈们辛苦劳作的背影会在孩子们的眼眸中熠熠生辉。当然，孩子们更容易注意到妈妈们慵懒散漫的样子。所以，世上的妈妈们，如果想好好收拾一番，请务必认真对待。

妈妈们改变行为模式的第一步是**购置物件之前要做好充分的准备**。孩子们开始懂得挑选、想要零花钱以购置自己喜欢的小物件，大多是在小学中学的时候。除了得到父母同意自己购买的小物件外，剩下的基本上都是大人们赠送的吧。

收纳必须入口出口首尾兼顾。入口凌乱不堪，大多是因为大人购置的东西太多的缘故。

例如，父母被内心深处希望孩子们多读书的期望所触发，海量购书。在原本只容得下十本书的空间里，左四本右五本地狂买一番，这样的房间怎么会不乱呢？原本十本书大小的书柜里，倘若不满满当当地塞满二十本书，恐怕还会不讲道理地冲着孩子一通责骂吧。

没有创建出好的收纳环境，这事不能赖孩子。

如何平衡好“想让孩子多读书”和“想让孩子会收拾”这两种心理动态？如何创造出鱼和熊掌兼得的流程？这才是大人们应该反复考虑的。

9 信守诺言至关重要

收纳也好、育儿也罢，普遍有种烦恼的声音和惆怅的共识，那就是和孩子们的约定。

在家庭餐馆收银台边看到玩具就吵着嚷着说，“妈妈，我要我要”，好言好语宽慰着说，“这次算了，下次就给你买”。等到下次看到的时候，或撒娇或卖萌要宝地说，“妈妈，上次说了这次给我买的呢”。孩子真是糊弄不得。

在育儿过程中存在着各种各样的约定。母子间有很多默认的约定，比如几点回家、回家后先做什么再做什么等等。

很多人觉得，家人之间就该随意点，凡事差不多就行。但事实上，**正因为是同一个屋檐下和和美美的一家人，家规的存在就更加必要了。**

如果没有家规，就会常常听到“家人就该互相谅解”，“真不知道体谅人”等诸如此类的牢骚和抱怨。

“听到吃饭的招呼声就赶紧在餐桌旁坐下”，“可能迟到的情况下要提前告知对方”，“要懂礼貌打招呼”……这些看似平常的家规，在不擅收纳的家庭里，往往都是难以落实的。

真相是，收纳也需要共同的约定。

比如，“客厅是共享空间，睡前要把客厅里的个人用品收拾好”，“玩具只能放在这里”，“写字台上只能放学习用具”等等。

如果没有这些共同的约定，你会发现“孩子们什么都想要，什么都不想丢”、“孩子们连一张便笺纸都不舍得扔”，家里孩子称霸，礼数无踪。

当然，孩子们自己也有价值观。家长们并不是非要扔掉什么，而是因为时间和空间都是有限的，有些时候我们必须做出取舍选择。为了让一家人快乐舒畅地生活下去，家规如同护身符般守护着我们，我们也要尽自己的最大努力好好生活。家长们应该将这些观念传递给自己的孩子。真正做到互相体谅、互相理解的家庭，走出房门、走进社会后，待人接物时也会让周围的人们感到愉快、舒畅。

较之无法兑现和家人之间的约定更加让人为难的是，无法兑现和自己的承诺。在随心所欲地做事之前，先把该做的事情解决掉吧。用餐后及时将餐具清洗干净，当晚为第二天的来临做好准备。

像这样看似简单至极的家规，无法做到的人（比如过去的我）也不在少数吧。

信守和自己的约定，重视家庭的公约，方能营造出愉快轻松的家庭氛围。

11

10 做开心的事　成为家中的小太阳

近年来，双职工的家庭日益多了起来。做饭、做家务、洗衣服，领着孩子去公园转上一圈回来，又到了饭点。接送孩子们上下补习班也需要精力，更不用说三个性格各异的熊孩子光补习一晚，房间就被折腾成散架的局面了。

这时妈妈们经常说的一句话是，“弄成这样不收拾简直无法直视”“都是捣蛋熊孩子们折腾的，看着就心烦”“老公也不帮我拾掇拾掇，心塞不已”等等。

没错，放任不管会让妈妈们走向烦躁不安的边缘。

“收纳”这件小事，看似事不关己高高挂起，实则让众多妈妈寝食难安。

虽然现在想来有些难为情，但我也经常用严厉的语调冲着三岁的孩子叫嚷着“不是说了让你收拾一下的吗”。细细想来，孩子大抵是不懂妈妈们关于收纳的言论的，他们也不会明白该收拾哪些地方，恐怕只知道一件非常重大的事件发生了，竟然让平日里笑容可掬、温柔动人的妈妈变成了愤怒的易燃体。

还记得这样的片段吗？假日里举家出游，在商场里选购童装后，又到超市采购日常用品，一天下来购买的东西提都提不动。收拾一番准备晚饭、熨烫周一孩子们要穿的白衬衫、整理下周上班需要的文件……唯独妈妈们身处水深火热之中，孩子们依旧玩着游戏机，爸爸们依旧盯着电视机，与地板上零散的睡衣和袜子遥遥相望。

“都给我适可而止了！”“为什么总让妈妈一个人劳累？”怒火就这样发泄出来。这对孩子、对丈夫来说，仅仅只是宣泄压力的导火线罢了。这样一来，原本开开心心的举家出游也会蒙上一层阴影，“早知道就不出去了”这种念头的出现也就不足为怪了吧。

将家务视为己任，一人担负起全部的重担，一旦搞不掂就大发脾气……这样的妈妈也不在少数。

平日里为了家庭操劳辛苦的妈妈们，到了假日也一定希望家人们可以分担部分家务吧。与工作、学习不同，家务的存在是家人幸福生活、快乐休整的基石。自己的事情自己做，只要孩子们有了这种想为24小时不辞辛苦、日夜操劳的妈妈分担家务的念头，妈妈们也会更有动力、更有奔头吧。

这时必不可少的是**让家人明白应该如何收拾**。倘若冰箱塞得满满当当的，爸爸想收拾也无从下手；如果睡衣没有放在显眼的地方，孩子们也不知道要叠放整齐。

“把老地方的睡衣穿一下啦。”

“能帮我把护发素和创可贴放一下吗？”

像这般友好地发出邀请，结束后再礼貌地加上一句“谢谢啦，帮了大忙啦”，大家的心情都会晴空万里。

举家旅游归来，看着铺天盖地的脏衣服，我常常冲老公和孩子们撒娇地说：“妈妈也想像你们那样坐着休息一下嘛”。这时总会听到这样的回复：“需要我做什么呢，具体说一下吧”；“我不知道该怎么整理，你教教我吧”。这样一来，一家人就能有条理有目标地共同攻克收纳难题了。现在每次回家以后，家人们都能主动帮我收拾房间。我也一直跟他们说，收纳是旅行的最后一步。

虽然奠定这样的家庭基石需要花时间花精力，但只要走好第一步，营造出便人便己的家庭环境，生活也会更加和和美美吧。

最重要的是，制定能让自己面含微笑收拾房间的流程。

让妈妈们面带桃花，是家庭和睦的秘诀哦。

为了让自己拥有一份好心情，好好思考、让自己开心这件事同样重要。

妈妈是家庭的太阳。如果被不悦的乌云遮住，整个家庭都不会发出快乐温暖的光。

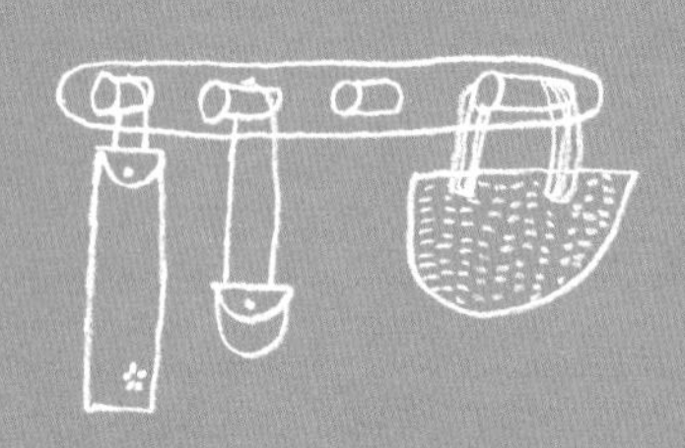

第2章

收纳前的思想觉悟篇

先从制定简便收纳的流程做起

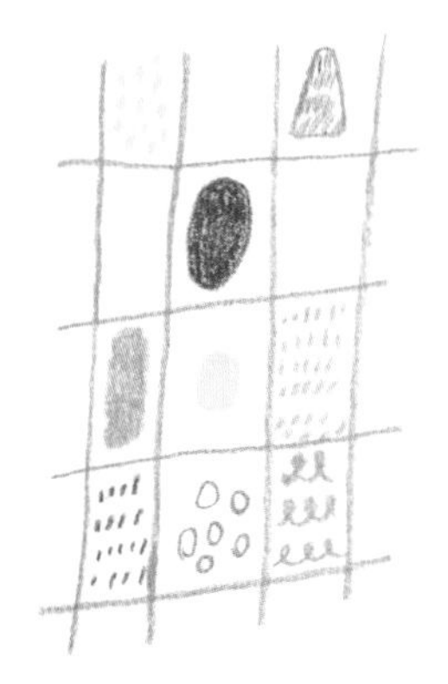

大家都说，收纳不是说会就会的本领。既然如此，怎样才能拥有这项本领呢？

如果地板上到处散落着杂物，抽屉里塞满了衣服，书架上满满当当地摆着书籍，孩子们便会认为这就是家的应有之貌。将背影留给孩子，将收拾后的美观舒适传达给家人，这是最理想的一种状态。虽说如此，**身为作者我也认为，真正做到这一点要在三十岁以后，所以在此之前都有完善的机会**。所以，有必要尽早将收纳的方法告知大家，以便尽早掌握其中真谛。

那么问题来了，具体分哪几步来制定流程呢？

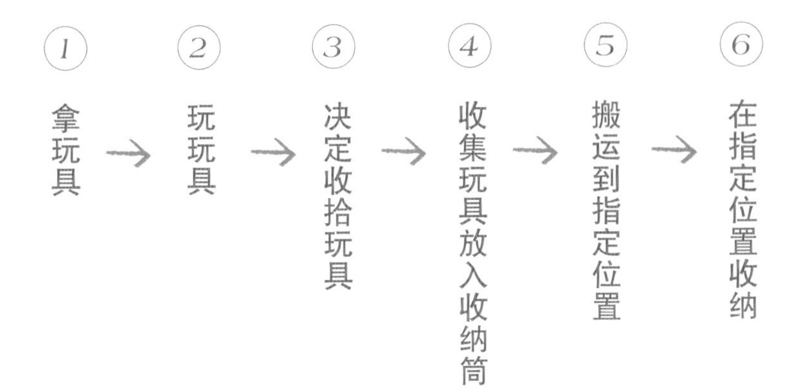

首先，制定出方便孩子们进行收纳的流程。流程订好后，思考定期管理流程的方式。有关这一点，大家可以参考上图，从拿玩具到玩玩具最后收纳玩具的流程图。

收纳，虽指物归原处，但很多家庭都没有指定位置。这正是没有遵循步骤⑥进行收纳的缘故。

再者，玩具和收纳盒不搭调也是成因之一。较之收纳盒的容积，如果玩具过大或过多，步骤④则无法顺利进行。倘若在搬运收纳盒之步骤⑤的过程中，盒子过重或路遇楼梯，心生胆怯、无法畅通搬运的情况依旧存在。指定位置过高、抽屉过滑打不开等情况下，随手乱放现象的出现也就情有可原了。

倘若在孩子们玩得正酣时怒吼道“还不赶紧收拾一下”，这样一来，步骤③受阻，收纳也就无从进行了。

如果从步骤①的拿玩具到之后的玩玩具都能琢磨清楚，那么自然也就有了解决之道。比如玩具火车、毛绒玩具可以直接在玩耍场地边就近收纳。好动的孩子们可以在收纳盒上用画纸、剪刀、胶水、蜡笔等加以点缀，这样一来便可以轻松方便地找到自己所需的物品。

是什么成了我们收纳的阻力？收纳的过程中又有哪些便利？想好这些以后，制定一个适合孩子们一起参与的计划，以“易拿易放”为主旨，最后得出这样的结论——“没想到孩子们竟然很擅长做这些嘛”，毕竟迄今为止，忙头忙尾、任劳任怨的都是妈妈们。

值得注意的是，一定要对孩子们力所能及的事情、尚不能做的事情加以区分。

那么，母子收纳大作战何时开始呢？现实是越早开始养成这样的好习惯，对未来的正面影响越深远。

如果到了小学五年级、到了中学都办不到……这样孩子们就会认为，做不到、做不好才是理所应当的。这时有必要好好教育孩子，帮助孩子重新认识收纳的重要性。如果这个年龄的孩子收拾不好房间，必定会给自己今后的成人生活带来十分严重的后果，因此有必要将收纳的必要性和目标明确告知自己的孩子。

我认为，收纳的起点在孩子一岁半的时候。那时正值孩子们可以理解妈妈的语言，稍微懂得一些世事，也能完成一些简单操作的时候。“不要把手上的玩具弄丢了哦”，随即让孩子把最后一枚玩具放进收纳盒里。这便是收纳的最初一步。

“真有你的！”“真厉害啊！”夸赞时妈妈的笑容会成为孩子们继续努力的勇气和信心哦。

配合着成长的步伐，找到适合自己的收纳方法，慢慢地变身收纳能手吧！

收纳三步走之思考篇

在给无数家庭做收纳方面咨询的时候，我深感岁数越大、世事沧桑经历越多，收纳越不容易。在决定物件的丢弃时，脑海里充斥着“这是 XXX 送给我们的礼物”“虽然已经不能用了，但是承载了很多珍贵的回忆”“想放在这里却已经放不下了”等各式各样的念头。

孩子们在做决定的时候可比大人们雷厉风行多了。遵循以下三步走法则，将流程完美地走一遍吧。

当谈及孩子们不会收拾的时候，很多妈妈对我说，自家孩子在幼儿园、托儿所貌似做得还不错。那么，为什么在外面做得不错，回到家里却各种不行了呢？或许是因为幼儿园有一套便于孩子收纳的三步走流程吧。回忆起去幼儿园观摩教学时，孩子们都从自己的柜子里拿出剪刀和蜡笔，创作结束时听到老师们“收拾一下，下面是唱歌时间”之类催促的话便将蜡笔收好，整齐地摆放在自己的柜子里。孩子们可爱的身影让人心生怜爱。

如果每一个家庭都能拥有这么一套三步走流程，焦虑的妈妈们也就不存在了吧。

Point ① 孩子们能收纳的数量

Point ② 固定收纳的指定位置

Point ③ 收纳方法简单方便化

Point ① 孩子们能收纳的数量

上门拜访时，最强烈的感受是铺天盖地的玩具以及书籍、育儿用品、学习用品等等，各式各样、五彩缤纷，让我瞠目结舌。

玩具过多，孩子一个人收拾不过来，最后劳心费神的还是妈妈们。所以，玩具不必过多，适量即可。

□ 即使妈妈们帮忙一起收拾，也要花费十分钟以上的时间吗？

玩耍后倘若在妈妈们帮忙的情况下仍需花费十分钟以上，就说明家里玩具的数量已经超过孩子们收纳能力的范围了。如果不能把母子收纳的时间缩小到五分钟以内，大量的玩具只会成为快乐收纳的罪魁祸首。首先，让我们来反思一下收纳对象的数量是否过多的问题。

□ 收纳对象的数量和收纳场所的容积是否协调?

在大多数抱怨孩子不会收拾的家庭里，玩具散落满地、俯拾即是、杂乱不堪的画面随处可见。收纳场所承载物品过多的情况下，孩子们如何着手收纳呢?

精简收纳场所的物件数量，是开辟收纳新天地的前提。

□ 是否做好了充足的收纳准备?

在第一章里我们提过，要做到收纳入口（物件进入家门）和收纳出口（物件离开家门，或丢弃或送人）的有机平衡。在当今的家庭里，妈妈们倾向于购买一些孩子们方便使用的、能够安静玩耍的、可以开发智力的玩具。但凡属于以上范畴的玩具，不管三七二十一，通通扛回家里来。这时，在思考"孩子们会玩得开心吗""真的有必要购买吗"的基础上，对"家里是否有地方放置"这一点的考虑也同样重要。

Point ② 固定收纳的指定位置

首先我们要思考的是，整个住房面积中属于孩子们自己的空间有多大。

先来想象一下房间的状态吧。这里应该保留些空隙存放东西，这边好像不该放置什么，像这样有计划、有效率地布置房间显得十分重要。建议大家在生孩子、孩子上幼儿园、上学等重要的时间点好好思考，重新审视。

☐ 孩子们的收纳场所里是否混入了大人的物品？

孩子的地盘上不该有大人的物品，这点很重要。

一边口口声声地说这是孩子们的地盘，一边衣柜里混杂着妈妈的衣服，这样孩子们如何产生所有者的观念、承担起收纳的责任呢?

“你要对自己的地盘负责哦！”一边这样说着，一边慢慢地扩大收纳范围。从一部分玩具开始，随着年龄的增长，再一点点地将学习用品、衣物用品的管理重任托付给孩子们。

□ 同类物品是否都收纳好了?

储藏室也好，客厅也好，衣物到处都是。卧室也罢，客厅也罢，玩具随处可见。在收拾这些杂物时，避免这个该放哪儿、那个该放哪儿之类的混乱思考，而应该将衣物、玩具分门别类、明确管理，这种方式更有助于收纳的高效化。当然，睡前浅读的书放在卧室、过季的衣物放在储藏室等也是无可厚非的。

□ 是否明确规定了孩子们的地盘?

“这是你的地盘了”，明确地告诉孩子们这一点。如果孩子们拥有独立的房间，就将房间的一角或是橱柜的一段明确划归为孩子们的地盘。虽然每个家庭的空间各不相同，但纵观孩子们的持有物、俯瞰房间全景后进行配置也很重要。考虑着未来的生活，布置打扮我们的家吧。

经典案例

观察下图，以家住东京都内两居室、家有上小学和才出生的兄妹俩为例。应该怎样收纳、必要的物件是什么，让我们重新审视现有物品，好好想象家庭全貌吧。

如何安放你?
确定易取易放物品的位置

何事	何物	何处
睡觉	冬季被褥 床单	现在姑且放置在父母床下方的空余处→将来会存放在孩子房间床下方的收纳盒里
换衣	内衣 & 睡衣 袜子 当季衣物（上衣、裤子） 过季衣物（上衣、裤子）	更衣室里只放内衣 衣柜 衣柜
学习 & 上学	书包 文具 教科书 其他学习用品 （绘画用具等等）	孩子房间的书桌侧面 孩子房间的书桌抽屉 孩子房间的书架 孩子房间的橱柜
玩耍 & 画画	玩具 & 图册	孩子房间的橱柜 婴儿专用橱柜移至客厅
活动 & 节日	头盔 & 女儿节人偶	橱柜顶部
技能 & 娱乐	游泳用品 & 足球用品	玄关收纳处

接下来，考虑各物品的安放位置并制作整体收纳地图。根据各物品所占空间的大小，避免拥挤购置家具，制定相关计划。

如果有户型图，就拷贝一份作为地图进行记录。如果没有，就徒手绘制一个地图吧。我们发现，如果想给孩子们营造独立空间，就有必要减少大人的物品数量。并且，试着以发展的眼光思考布局。

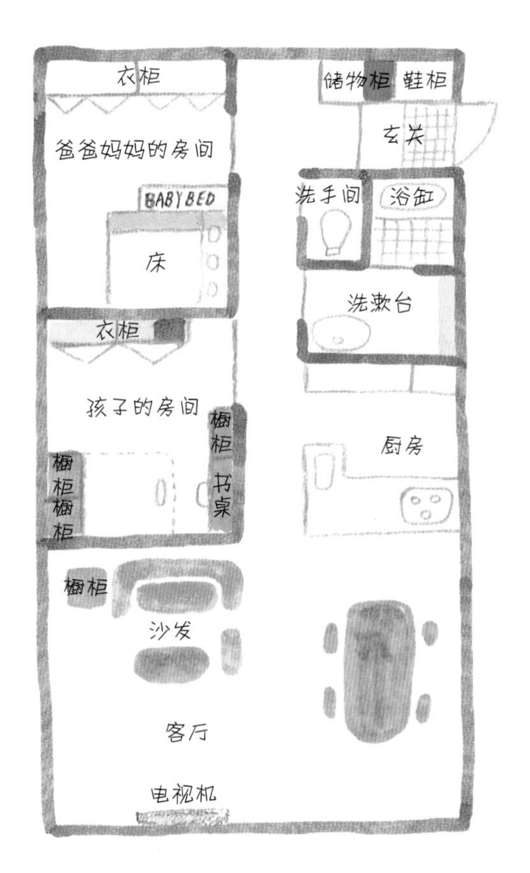

先来为全家的收纳行动构想一个计划。这个计划里的房间：

1. 其他物品的收纳作为共同用品不参与收纳。
2. 两人份的大人物品集中放置在孩子的房间。

除此之外基本上不堆放物品。客厅里的玩具仅限少量婴儿用品。女儿节人偶选用真空包装的。考虑到被褥的放置空间有限，以后有必要另买双层床等等，在诸多考量的基础上制定长远计划。

Point ③ 收纳方法简单方便化

对孩子们来说，收纳是什么样的存在？麻烦？困难？厌恶？为了培养孩子们自主收纳的能动性，有必要让他们感受到收纳的简单。儿子虽然并不擅长收拾房间，也有很多懒散的毛病，但我可以拍着胸脯说，到了关键时刻他还是可以挑起大梁、独立收拾的。重要的是一边和孩子共同摸索最佳收纳方式，一边不断地灌输收纳的重要性。

□ 是否强加了妈妈的收纳方式？

孩子们收拾得不好，通常是因为母子间收纳方式的不同所致。无法目睹物品泛滥成灾的壮观景象而给孩子布置过多过难的任务，抑或是让嫌麻烦的孩子按颜色给 LEGO 玩具分类……妈妈们应该站在孩子的立场和角度上，重新审视任务的难度是否大了些。

□ 是否为了增加乐趣开动脑筋？

或许妈妈在督促孩子收拾房间的时候，处理方式或多或少都会让孩子们不开心吧（曾经的我便是如此），比如任性地朝孩子们吼道“快给我收拾干净！！”，或是用“怎么这点事情都做不好？”之类的言语损伤孩子们的自信心。重要的是，要让孩子们感受到收纳的快乐。

□ 收纳的根本是观察。洞晓孩子们的性格特征。

受年龄、性格等因素的影响，孩子们对收纳难易程度的感知各不相同。孩子们做不到什么，怎样的收纳方式能达到最好的效果，诸如此类的判断都根源于日常生活中对孩子行为举止的观察。

赋予大任后雷厉风行型，依赖母亲目光的实干型，下面就为大家介绍主导孩子们特性的“大脑检测方法”。

大脑检测方法

真正的生活收纳大家通常能根据大脑检测方法摸索出最合适的收纳方式。正如有左右撇子一样，大脑也拥有左右两种思维方式。大脑受先天条件的影响有三分，受环境变化的影响有七分。大家或许都认为，年龄尚小的孩子都是右脑主导的。刚上小学的儿子可谓将右脑特性表现得淋漓尽致。

大人们获取信息时，根据获取方式的不同，基本上分为四种类型。大脑思维方式的差异不仅体现在收纳，对人际交流、母子关系等方面都有重大影响。虽然无关个人能力，但客观地理解孩子的特性会让育儿生活更加轻松快乐。

铃木家的熊孩子们

把和我同样不擅长某件事情的儿子，与将此事做得得心应手的女儿对比，都是从妈妈肚子里出来的孩子，为何反差如此之大？但自从我知道了大脑思维方式差异后，通过转变表达方式和行为模式，“赶紧收拾！为什么不听话？”之类的怒吼声少了，母子间的关系也融洽起来。这表明，母子间个性、特性的知根知底非常重要。

大脑思维方式（左脑主导的女儿）	大脑思维方式（右脑主导的儿子）
□ 把对方的话听到最后，并对内容加以确认。例如，“您说的是这个意思吧？”	□ 交谈时总是不自觉地确认，“在听么？”
□ 将物品放回指定位置。	□ 使用过的东西会一直用下去。
□ 几点出门？多久能到？对时间敏感。	□ 旁人不在耳边提醒的情况下，本人是不会主动注意到时间的。
□ 门、盖、抽屉，每次都缜密地关上。	□ 门、盖、抽屉，大多数情况下都不记得合上。
□ 每天的计划（每日练习或明日计划）切实执行。	□ 凡事都一鼓作气。
□ 什么时候做？答：现在做。不拖延。	□ 什么时候做？答：过会儿做。这已经是口头禅了。
□ 重视细节	□ 拥有良好的把握全局的能力。
□ 何时何人、何种交谈，清清楚楚。	□ 交流时多用拟声词、手势语、身体语言。

你属于哪种思维模式呢？你的孩子又是哪种类型呢？

下面给大家介绍一下思维模式和收纳方式的相关性。

右脑思维模式

右脑擅长的事情

有艺术细胞，空间感知能力强，机智、直观、形象化，擅长纵观全局，能够感性、直观地理解事情，时常在无意识的情况下行动。

右脑的表达方式

“玩具说，它想回家了”“你能帮妈妈收拾房间，妈妈真的很高兴”，诸如这种传递情感的表达方式，往往拥有更好的效果。将收纳后的成果图加以呈现和展示的方法也十分有效。

关于事物是非的判断

为喜好或厌恶的情感所主导。

收纳场所

方便收纳的地方即可。感觉派代表人物，该放何处由本人亲自决定。

收纳方式

不擅长物归原位，大致收拾即可。改变收纳用具的颜色，加入照片或插图，使用透明容器等方式，都可以达到一目了然的极佳效果。

左脑思维模式

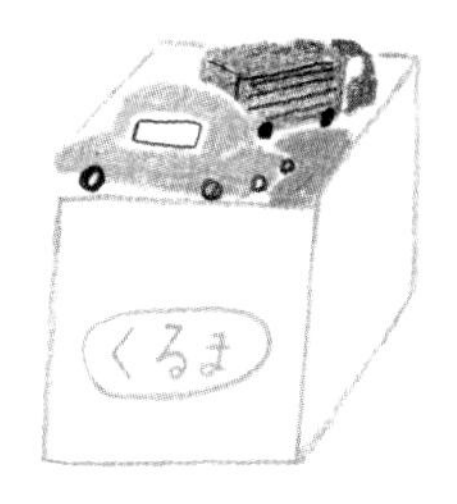

左脑擅长的事情

分析能力、逻辑能力、语言能力较强，擅长常规工作，对计算、数字敏感，能有意识、有规划地接受事物。

左脑的表达方式

“减少 10 个玩具”，像这样加入具体数字进行说明效果更佳。“使用的时候要方便，用完了要物归原位哦”，如此具有逻辑性的表达方式更好。

关于事物是非的判断

对事物会进行是否使用、使用频率等方面的判断。

收纳场所

参考常规的收纳场所，再根据使用频率进行判断。

收纳方式

使用隔断、盒子进行细致分类。因擅长接收文字信息，用标签条进行标记也有突出效果。

家有右脑先生和左脑小姐

家里的两个孩子，就好似左右脑思维方式的代表人物。哥哥是典型的右脑派，而妹妹是典型的左脑派。哥哥每次进客厅都不会关门，而妹妹每次都能自行做到“开门后关门，关门后收拾”。如果不知道这是左右脑思维方式不同的产物，这时候恐怕又会发出“为何身为兄长却什么都做不好”的声音了吧。

这样的兄妹俩，收纳方式也大相径庭。难以做到物归原位的哥哥是简单收纳型；左脑主导的妹妹是细致收纳型，物品间细致地加以隔断，每一件物品都有自己的指定位置。

身为大人的我们或许认为“我觉得这种方式更简单，孩子也一定会使用这种方式”。但事实并不如此。

究竟哪种方法更适合你的孩子，和他 / 她一起尝试着做做看吧。

放进去就好！

对不擅长收纳的右脑先生来说，将内衣和袜子分开放好即可，使用起来也很方便。无法做到物归原处，随意地放进去就好。

用起来不太方便……

对左脑小姐来说，挑选的过程很重要。“妈妈，我觉得把它们一个个地排列开来更容易找到我想要的那一个。”还在上幼儿园的女儿提出的这些想法常常让我惊讶。

我和儿子一样，也是右脑主导型。每次看到自己做不了抑或有些难度的事情在儿子身上也无法实现，我竟有些莫名地火大。但如今，知道了大脑思维方式的差异是个体特性化的根源后，我有意识地改变了某些行为方式。不管是收纳还是生活，都应该由妈妈和孩子们共同改善。

用大脑思维方式决定文件整理方法

文件整理已名列妈妈们诉苦抱怨榜的前三位。大人们尚且觉得麻烦，更何况是孩子们呢。正因如此，更应该做好收纳的流程图。

文件刚入家门时，都按照科目划分类别。右脑主导的儿子用颜色表示科目进行分类。红色的是语文、蓝色的是算术，通过直观的颜色进行分类管理，收纳的时候更为便利。

左脑主导的女儿因擅长文字信息，就用标签条标记的方法进行分类收纳。白色的文件夹侧面清楚明了地标记上科目的名字：语文、算术……

每到寒暑假，都要抽出一整天来清理文件。这已然成为一种神圣的家族传统。

颜色分类　一目了然

虽不擅长文件整理却对颜色十分敏感的儿子，适用于颜色分类收纳的方法。算术是蓝色的文件夹，牢记即可简便收纳。

文字标记　清晰明了

擅长整理文件的女儿马上就要上小学一年级了。为此买了白色的文件夹，在上面用文字进行标记。这已然成为她的乐趣之一了。

第 *3* 章

收纳实践篇

收纳三步走之实践篇

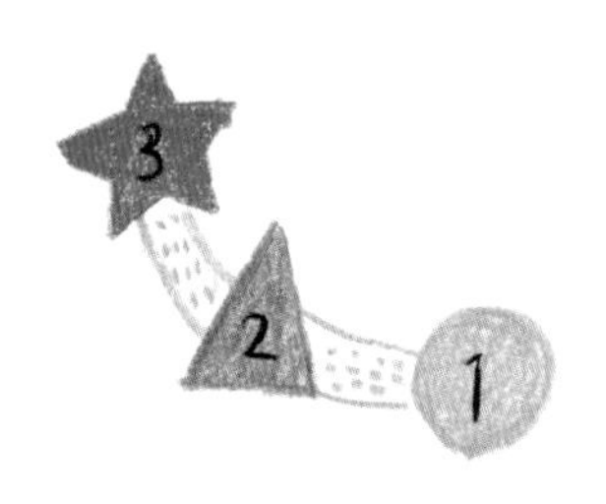

做好收纳前期的思考后，就向实际操作迈进吧！

收纳没有唯一答案。虽然何处放置何物是每个家庭的自由选择，但是请遵照以下的顺序进行收纳。

孩子们的收纳步骤是 ① 选择 ② 收纳 ③ 延伸。

让我们来看看接下来的经典案例。内心萌生了收纳的想法后，在网络上狂搜博客重点研究。“原来如此，我们家乱七八糟是因为没有这件收纳工具”，于是十万火急地加以采购。乱七八糟并不是因为缺少收纳工具，而是直接跳过步骤 ① 进入步骤 ② 的缘故。

选择必要物品、简便轻松收纳、坚持抑或反省。由此三步走即可。

下面一起来看看每一步该如何操作吧。

Step

 选择

- 掂量总体数量
（玩具、衣服等，取出同种类别下的所有物品）
- 选择必要物品
- 选择同类物品

Step

 收纳

- 放置何处
- 如何放置
- 使用何种收纳物品

Step

 延伸

- 随取随收
- 制定规则
- 重新审视

Step 1 选择

选择必要物品

对自己来说什么是必需的，什么是可有可无的，在这点上大人们或许很难做决定，但孩子们则不同，他们清楚地知道对自己来说什么是有趣的，什么是珍贵的。孩子到了四五岁，就可以一起进行母子收纳大业了。在此之前，仔细观察、用心甄选出孩子们的喜好，由此分类收纳的任务就由妈妈们来完成吧。将孩子们经常玩的玩具交由他们自己管理，玩腻的玩具、以后用得到的玩具则放在别处，将来派得上用场的时候再拿出来，这也是相当不错的一个方案。总而言之，挑出孩子们可以 hold 住的物品让其管理，这点很重要。

● 给各物品确定其固定位置

选择必要物品时最重要的一点是，要给孩子们自由取用的空间，物品的数量要适量。明确地告诉他们“这些只能放在这里哦”。选择适量的必需物品后，和孩子们边交流边收纳吧。

● 不对孩子的决定说三道四

母子间一起收纳时，妈妈总会不自觉地干扰孩子们的决定。“这个很贵的，还是不要扔了吧”“这不是爷爷给你买的玩具么，扔掉多可惜啊”，像这样对孩子的判断施加自己的意志。如果涉及妈妈们无论如何都无法舍弃的物品，就自己在别处妥善保管吧。

● 兴趣的转移是成长的凭证

当初那么喜欢、那么想要的玩具，怎么说不要就不要了呢？孩子们的兴趣说变就变，这点妈妈们应该都深有体会吧。对诸多事物心生好奇是成长的标志之一，但如果太过迁就地给孩子们添置新玩具，就有可能剥夺对现有玩具的体验，这一点需要注意哦。

是否需要某个物品，孩子们心里一清二楚。儿子要上小学的时候，一次物品大清理时，我想，儿子一定会留下有哥哥样子的物件，太过孩子气的物品大概都要处理掉。于是，我有意识地问他：

"这个还要么？""这个要不要呢？""这个是不是有点哥哥的样子？""这个太孩子气了，不要了吧！"带着这样的问题，选择也变得轻松了许多。选择的时候，在地板上铺上布，中间用胶带一分为二，清楚地以是否需要为标准区分开来。

简便分类的关键词

大人们在遴选物件时，要或不要这一标准往往难以做出决断。为了将需要的物品留下来，往往需要三四个关键词帮自己做决定。在二选一的难题上，不费吹灰之力就能解决的往往还是孩子们。

需要	or	不需要
喜欢	or	不喜欢
在用	or	不用
有趣	or	无聊（画册等）
孩子气	or	哥哥气

什么是不需要的物品

谈到什么是需要处理的物品，妈妈们一定都有万分不舍的罪恶感吧。会有不需要的物品吗？的确，或丢弃，或送人，处理不需要的物品总会让人心生不忍。

然而，这里最重要的是“不要重犯同样的错误”这件事。

为什么还能用的物件就这么不再需要了呢？譬如，餐馆赠送的小礼品、快餐店赠送的套餐玩具、本想读给孩子听的书……孩子好像都不喜欢。诸如此类的事件告诉我们，**凡事先反思原因，再汲取经验，最后付诸行动。**

母子间多些面对面的交谈，“这样做太浪费了，下次要注意了哦”这样的对话也十分重要。对于不需要的物品，看准时机送给有需要的人。如果玩具不再整洁如新，未能成功送出，恐怕只能躺在柜子里颐养天年了吧。

选择同类物品

将同类物品归于一处，取放自如。这边的抽屉里放内衣，那边的衣柜里放裤子，上衣放在玄关侧面……这样东一榔头西一棒子的收纳方式，既耗时间又费精力。**这里我们得出了一个要点：尽量将同类物品集中收纳**。

玩具亦如此。同类物品也好，搭配使用的物品也罢，如果集中放在一处，就不会有“咦，那个玩具放在哪里了？”这样的记忆空白，收纳也变得条理清晰，一目了然。

在挑选玩具的同类物品时，孩子们可谓是高手中的高手。“这个怎么用呢？”“有没有可以放在一起的同类玩具？”“这个可以跟什么放一起？”……一边愉快地询问，一边快乐地收纳，何乐而不为呢？记忆空白的询问声也少多了。

关于同类物品的收纳事例

Step ② 收纳

遴选出必需物品后，将同类物品集中起来。完成了步骤①后，我们到了步骤②——“收纳”。

在哪里使用后方便清理？采用怎样的收纳方式物归原位？使用何种收纳用具方便拿取？带着这样的问题上路，和孩子们在问题中走上快乐收纳的旅途。很多妈妈都有这样的困惑：收纳后放在哪里好？收纳用具该选哪种？……困惑是否让你滞留在原点？不管怎样，先尝试迈出第一步吧。如果失败了，不断地反思和总结经验就好。带着平静的心情勇敢尝试吧。

放置何处

某种物品应该放在何处呢？答：**操作起来最便利的地方为最佳**。

玩具放在玩耍的场地上，衣服放在更衣的范围里，将同类物品聚集收纳在一处。值得注意的是，为了家人共同的舒适生活，在客厅这样的公共场所收拾物品，最后要放回各自的房间里。另外，根据孩子们的身高，设定适宜的最佳收纳场所。不常用的物品放置在高处、深处。为了将何物放于何处牢记于心，绘制**收纳地图**、制作**标签记号**的方法也十分有效。

如何放置

对腻烦收纳的孩子来说，操作的简便化最为重要，应该选用**简单收纳法**。等到孩子们掌握了简单收纳法以后，再进行放入隔断的细致收纳法，这种收纳方式更整齐更明了。对于刚入门的简单收纳法而言，**其关键在于逐渐掌握收纳方法的过程**。不管怎样，对孩子们的收纳来说，简单是必要条件，应该**选用最简单最方便的流程**。先开门，再开抽屉，最后打开盖子，操作之繁杂即便是大人也会心生腻烦之感吧。

将收纳盒填得鼓鼓囊囊的，操作起来极其不便。收纳的理想状态是适度收纳，只放八分饱。

使用何种收纳用具

孩子们的房间里，尽量选用彩色标记，将房间布置得异彩纷呈。据说孩子小时候多接触颜色有助于激发大脑。我想，那么多家庭都选用色彩缤纷的收纳用具、家具物件也是这个原因吧。但是我认为，在鲜艳的玩具、物件、窗帘的映衬下，**收纳用品和家具应该越简单越好**。五彩缤纷的字母地毯偶尔也会造成视觉混乱，选用醒目的纯色就好。

收纳用具也尽量选用**素材、颜色、品味配套**的同一种。不要图便宜狂买一通，也不要左买粉的右买蓝的，看上去没有“秋水共长天一色”的效果。

接着，根据收纳用具的大小选择对应的物品。如果摸不着头绪，就试着将要收纳的物品放入收纳盒中试试看，以此作为购买时的参考凭据。如果内置物品过于柔软，放入收纳盒后会因不成形而显得杂乱无章，因此建议选用有一定硬度的物品。

诸多收纳用品

盒子

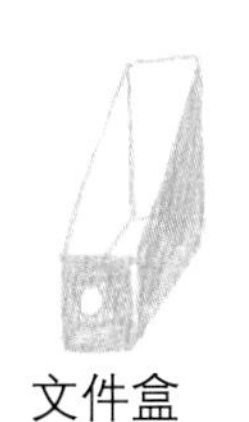
文件盒

布制盒子

保险柜

IKEA 盒子

篮筐

无标记篮筐

简易篮筐

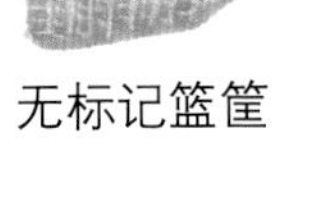

手柄篮筐

大型毛绒玩具篓等

立体柜

书架

抽屉

宜家的 TROFAST 系列

课桌侧柜

无标记抽屉

Step ③ 延伸

收纳中最困难的一步是收纳的延伸

正如那句老话“坚持到底就是胜利”说的那样，有意识地长期坚持下去，生活一定会更加舒适。不要放弃哦！

随取随收

不管多么壮观的收纳大业，如果一次没能放归原处，整个房间瞬间就凌乱了。

“随取随收，物归原处”这句话，在孩子们真正做到之前，有必要反反复复、不厌其烦地传授。目睹惨相后再痛声责骂孩子，怒斥“早跟你说过多少遍了！物归原位记不住吗？”，这样的痛斥已然无济于事。倒不如用温和的语气，一遍遍地做出“把XX放回XX”等具体明确的指示。即使耗时很长，在孩子们真正做到这一点后也不要忘记给予肯定和鼓励。“你真棒！”这样的反复与坚持是孩子们变得自信的源泉。

无论如何也做不到物归原处的话，恐怕也是有原因的，如抽屉太满放不下，抑或是抽屉很难打开等等。耐心地问问孩子为什么不想放回原处吧。

制定规则

“睡前收拾”“饭前收拾”“个人用品在客厅使用后放回自己的房间里”……和孩子们达成收纳共识吧。先从遵守一项规则做起，完成后制定新的规则，如此充实完善共有的规则。一次将禁止条例公布出来也很重要。

重新审视

生活中凌乱的产生往往是自然而然的。如果你感觉到“最近房间好容易凌乱啊”，这说明已经到了归零一下、回头想想的时刻。回到步骤①重新审视一番。**或许最初你会频繁归零、频繁回想，渐渐地你会**

发现，收纳三步走给生活带来了空余。另外，把长假第一天作为母子收纳日已成为我们家的一项传统。圣诞节、生日的前夕，为新礼物的加入归零清理一番也颇有良效哦。

找准时机打招呼

让孩子们对收纳心生厌恶的一大罪魁祸首，或许是妈妈的招呼声吧。“玩得正高兴呢，突然被叫去收拾东西”“认认真真地收拾了一番，却被妈妈说根本没有收拾”，如此孩子们厌恶收纳也是情有可原的。语言传递的效果各不相同，细致观察后再跟孩子们打招呼吧。

在我家的招呼声是这样的：

“和妈妈比一比，看看谁更快，出发！”（玩游戏倍儿爽）

“什么时候收拾房间呢？几时？几分？”（让孩子做决定更有效果）

“多久能收拾干净呢？”（定时后斗志昂扬的孩子们）

“收拾好了就吃点心！ / 收拾完毕就打游戏！”（奖赏要有冲击力）

“要妈妈帮忙吗？”（困倦时分让孩子们撒撒娇也不错哦）

“玩具哭着说想回房间啦！”（多愁善感的孩子专用语句）

“听说你在幼儿园收拾得相当不错？教教妈妈吧！”（让孩子们享受一下做老师的荣誉感）

GALERIE MAE
TAL-COAT

慢慢来，这点很重要！

先来回想一下翻单杠的过程。

抓紧、撑起、直立、前翻。一遍遍地挑战，一遍遍地失败，终于收获成功。但迄今为止仍不会翻单杠的人恐怕也不在少数吧。

请牢记，收纳跟翻单杠一样，需要慢慢来。

例如，上小学的儿子一回到家就把书包往玄关处一扔，点心碰也没碰，就出去和小伙伴们一起玩耍了。“真是够了，等着谁来帮你收拾吗？”虽然很想训斥一通，但转念一想，和小伙伴们一起玩耍的时间恐怕更加珍贵吧。

既然如此，就在玄关处制作一个书包的临时存放点吧。“今后你的书包就先暂放这里吧”，我一边朝着大大的书包篓努努嘴一边这么说道。

玩耍后回到家，再将书包带回自己的房间即可。“你真棒”，我对儿子说。接着再告诉孩子，下一步的任务是将书包放到自己房间的指定位置。**将每一步的门槛拉低，完成以后进入下一关，让孩子们一步步地体验成功、喜悦和自信**。

高年级后……

个子长高后，身手也变得敏捷起来，书包侧挂在桌侧已经不再合适。如图，儿子将其放在柜子的顶部。

小学一年级的书包，有点沉……

沉重的书包可能因为无法置于高处而随手放在地上。这时候的书包应该悬吊在桌侧的挂钩上，或是放置在够得到的地方。

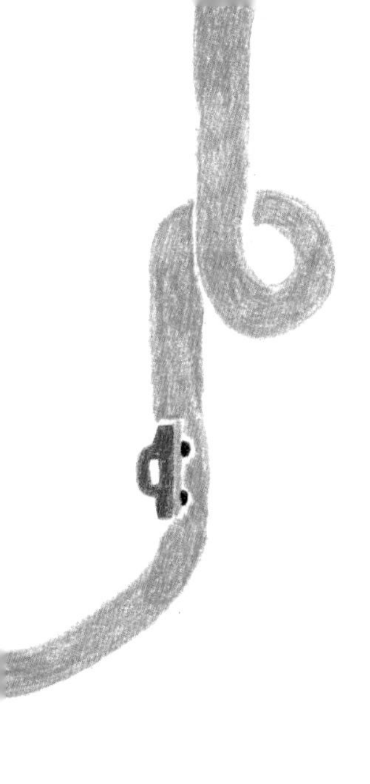

第4章

孩子们的物品大改造

欢迎来到孩子们的房间

正如第一章介绍的那样，孩子们的房间原本没有固定安装的衣柜、橱柜，可以说是一目了然、极其简单的空间。因为当初想不出孩子们以后究竟会需要哪些物品，就把小时候使用的家具重新组装，一直用到今日。

虽然不能做到得心应手，但作为妈妈的我一直梦想着给自己的孩子布置他们的房间，因此一直坚守着家具颜色要配套的底线，也时常在物件上精雕细琢。

开得不利索的老古董抽屉也好，有点坏了的柜橱也罢，都是我无法割舍、无法丢弃的宝贝。之前给大家介绍的都是和孩子们共享充足时间的主妇型妈妈们，下面我们换个频道，来看看工作型妈妈们的全能生活吧。

妈妈的希望

- 变身 24 小时都能接待很多小伙伴的完美房间。
- 孩子们都能做到自己的事情自己做。
- 孩子们的物品全部放在自己的房间里并加以管理。

儿子的希望

- 变身黑色主打的帅气房间。
- 放在外面的物品太多容易分散注意力，所以要全部收进柜子里。

女儿的希望

- 想买 IKEA 里烟花般色彩缤纷的灯。
- 物品拿取要方便。

儿子
小学五年级的男生房间

女儿
幼儿园大班、即将
上小学的女生房间

收纳的要点

对小学五年级的儿子来说，收纳就是一场灾难。但仔细观察、细心琢磨后，儿子竟然也能将快乐收纳做得得心应手。但对于能逃就逃的懒散君而言，不费心不劳神的收纳方式显得格外重要。原想选用最适合儿子的开放型收纳法，但得到了“太多物品容易分散注意力”的反馈，因而改为封闭型收纳方式。

另一方面，作为一丝不苟派代表人物，女儿能够自觉利落地把房间收拾干净。因为个子还不高，就把常用的物品放在够得着的地方，不常用的物品放在够不着的地方。由于马上就要上小学了，她还预留了一部分学习用品的位置，对于是否需要某种物品自己能够独立判断。

迄今为止，孩子们的房间都是根据他们的特性布置的。从今以后，要继续彰显个性、加以点缀。

女儿的房间 女儿，让房间可爱动人

对还在幼儿园阶段的女儿来说，没有特别具体的装饰风格。因为她穿紫色的衣服很漂亮，所以将紫色定为房间的主打色调，墙壁、地板的颜色与之协调。与其说房间可爱，不如说女儿让房间可爱动人。之所以这么说，是因为受我的另一个职业——私人造型师的影响。

买入女儿期待已久的宜家灯具后，又以此为基调思考房间的整体布置。将木质抽屉涂上彩色颜料，置于床边。对现有物品极力大改造后，再一点点地购入新装饰用品。

房间风格的决定、基本色调的奠定都至关重要。

房屋诞生日，女儿高兴地说："这么漂亮的房子，我都不忍心弄乱了"。这时我才发现，好房间会让人心生爱怜，会让人好生善待。孩子们也会有这样直观而自然的感受。

放眼成长，融入淑女元素

紫色配绿色，给人澄澈明亮的动感
让人眼前一亮的惬意空间

自己的物品自己管理

被褥放在父母卧室里、女儿节人偶放在储藏室里，如果像这样将孩子们的物品分散摆放，最后费心费神管理物品的人还是妈妈们。“天气冷起来了，我们该把被褥拿出来了”，“就要到把人偶小姐请出来的时节了”。为了这样的对话顺利实现，将孩子们的物品集中放置在孩子们的房间就显得尤为必要。

打开门扉，收纳物品一目了然地陈列在柜子里，方便拿取，容易管理，这便是孩子们的收纳目标了。想清楚要收纳的物品后，我做出了在 IKEA 购买整面壁橱的决定。

女儿管理的区间在伸手能够得着的范围内，再高点的位置则属于妈妈们。家里备有可折叠架梯，操作起来也很方便。

丈夫和婆婆也都清楚物品的具体存放位置，因而家里几乎没有“这个在哪里？那个在哪儿？”的询问声。

踮踮脚差不多能够到这一层，这以下的范围都是我的领地。我负责取放我的物品。过季的衣物、不常用的物品，妈妈都放在这层以上的位置。

课桌周边的装饰风格以简单为上，越简单越能集中注意力越好。配合椅子的颜色，选用茶色的书包。书包里点缀着可爱的粉色哦。

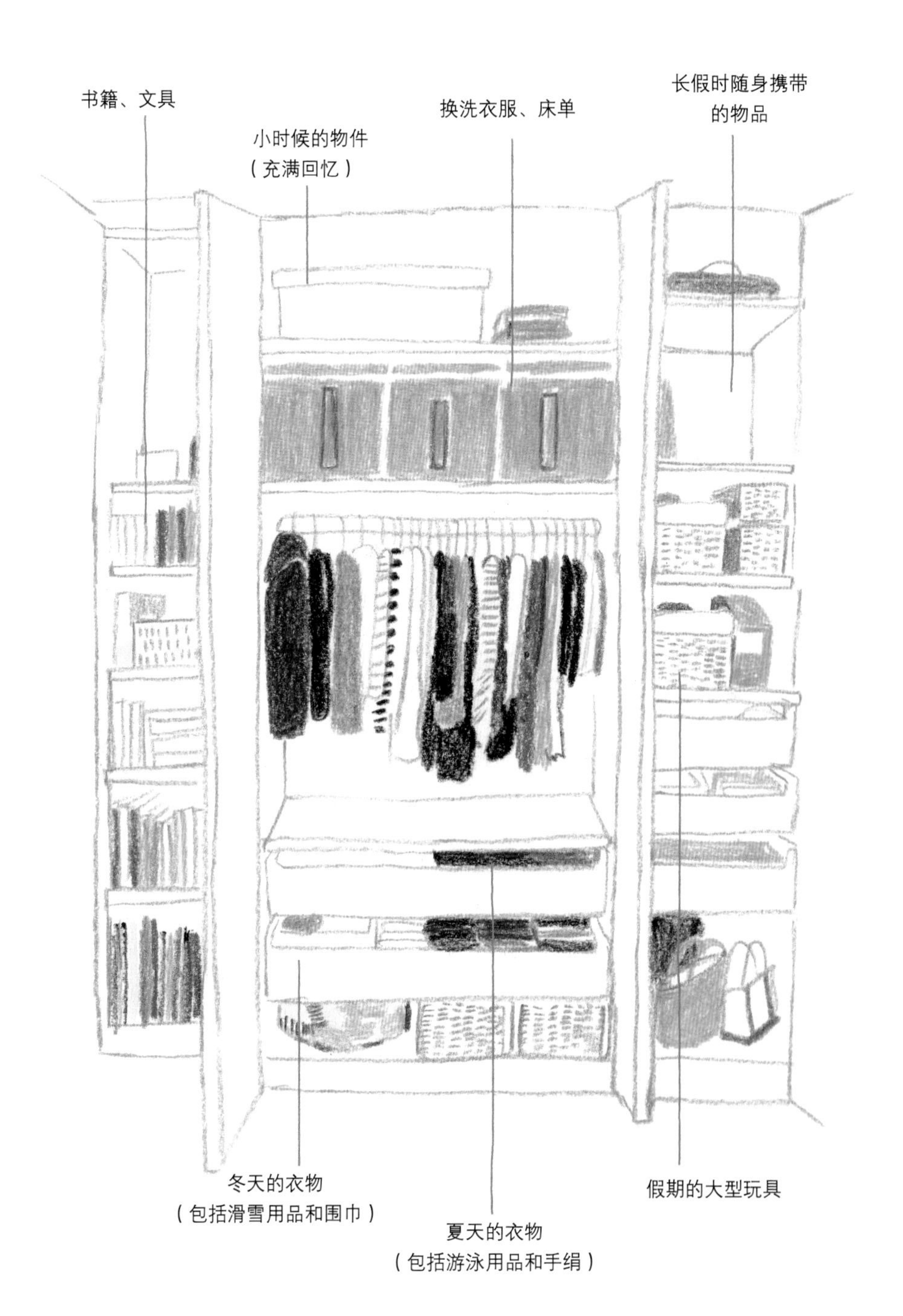
书籍、文具
小时候的物件
（充满回忆）
换洗衣服、床单
长假时随身携带
的物品
冬天的衣物
（包括滑雪用品和围巾）
夏天的衣物
（包括游泳用品和手绢）
假期的大型玩具

显眼位置

自己管理手绢和纸巾，放置在取放方便的显眼位置。

在大抽屉里放入隔断式纸盒，将物品加以清楚分类。图为游泳用品和无袖衣物等夏天的衣物盒。

整洁大方

女儿似乎不觉得叠衣服这件事情很无趣。相反，将衣服叠好放进自己的柜子里已成为她的一大兴趣。真让我刮目相看。

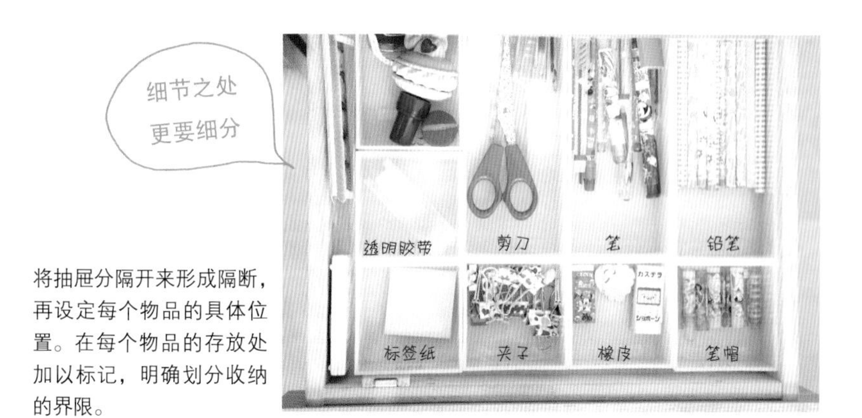

将抽屉分隔开来形成隔断，再设定每个物品的具体位置。在每个物品的存放处加以标记，明确划分收纳的界限。

闺房最难办的 TOP 3：彩纸、信纸信封、信件。分别放入各自的文件夹，明确收纳。

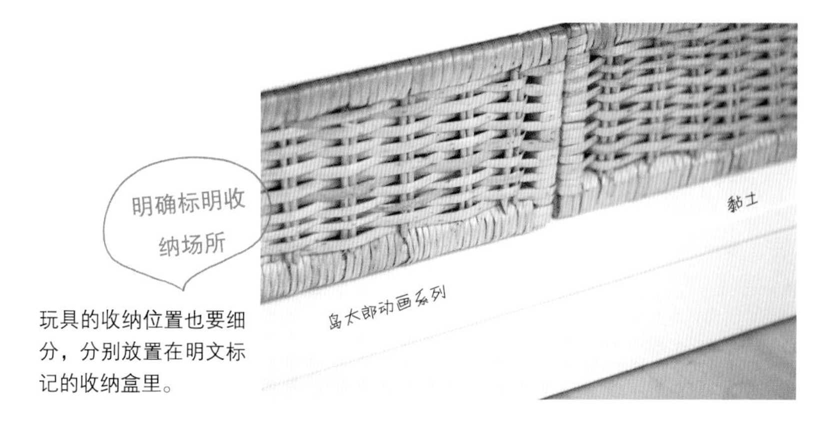

玩具的收纳位置也要细分，分别放置在明文标记的收纳盒里。

儿子的房间 黑红系列，告别“不擅长”

对收纳没辙的儿子，对自己房间设置的目标是简洁大方。为了尽可能地减少对收纳的腻烦感，我重新考量了表面物品的数量，给儿子充足的收纳空间。小玩具分放在六个小盒子里，其他物品也都存放起来。即使有些小凌乱，也可以迅速恢复原样。

小学五年级的孩子，对于美丑好坏已经心中有数，给自己打造一个帅帅的房间已成为收纳的坚实基础。儿子说：“不管怎样，我的房间要有酷酷的黑色。”这可能是深受刚上小学时书中黑色系列的男生房间的影响。为了彰显儿童房间的活力，黑中融入了些许红灰，添置了儿子喜欢的靠枕。中意的画作、温暖的床头灯，将房间色调烘托得饱满起来。

温暖的木质色调

让黑灰系列的房间尽显温柔色彩。
安静的空间，镶嵌着个性的色彩。

睡衣、内衣等日常
衣物。下层是足球
用品
今后的衣物。预留
两个空盒子
已经不玩却难以
割舍的小玩具
冬季的被褥
上层抽屉：当季的衣
物和球裤等
下层抽屉：过季的衣物
细碎的物品分别放在
六个收纳盒中

不喜欢叠衣服的儿子专用的衣架收纳法。衣服晒干后直接挂在衣柜里，简单又方便，找衣服的时候也一目了然。

上衣悬挂在衣柜里，裤子折叠在抽屉里。每周用 4 次的球裤也放在这里。

儿子不擅长收纳隐蔽的物品，因此，我在收纳箱上方留了些可操作的缝隙，将物品加以呈现。这样不用取出收纳盒便可随意取放自己的物品了。

寒暑假的工具箱、夏季的游泳用品，日积月累地满当起来。这里就是这些物品的大本营了。上层放着头盔和冬季的被褥。

对一心都是足球的儿子来说，梦想当然是足球运动员啦。课桌上只放文具用品，但拥有这样一个横架也很必要。向梦想出发！

简单收纳

这个大竹篓里堆放着大件用品。毛绒玩具、足球都简单粗略地收纳在漂亮的竹篓里。

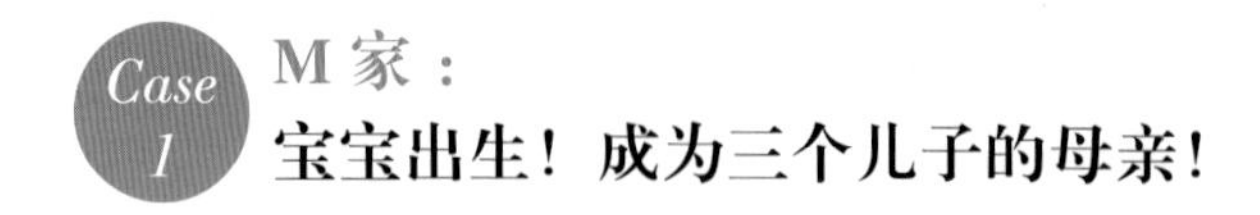

Case 1 M家：宝宝出生！成为三个儿子的母亲！

家里已有两个皇太子，今年又添新成员啦。两层楼的房子，二楼用作客厅，一楼是大人和孩子们的卧室。虽然想将衣橱和储藏室改造成宝宝卧室，但乱糟糟的现实状况总是让我无从下手。类似这种处境的家庭恐怕还有很多。

客厅里的玩具到处都是，乱糟糟地堪比垃圾场。每次母子间的对话都以“快给我收拾干净！！”而告终。归根结底，不擅收纳的妈妈们才是造成这种犯罪现场的罪魁祸首吧。

二人世界就够忙活的了，还有三个活力无限的皇太子。家里会变成大闹天宫吗？我心里不安极了。真希望可以多一些育儿的时间和空间呐。

希望可以将现在的房子改造成孩子们可以自主收纳的共享空间。

Before

孩子们的房间

堆积着长年不用的物品，凌乱不堪，与旁边凌乱的衣橱浑然一体。

妈妈们的期望

- **可以拥有更多精力育儿的宽敞空间。**
- **为减少家务育儿负担，让大儿子做到自食其力。**

孩子们的期望

- **拥有自己的房间。**

客厅

孩子们的私有物品没有固定的存放位置，经常在客厅随手乱放，最后受罪的还是妈妈们。

After

配合淡绿色的墙体，以绿为主打，具有男子汉风格的房间。将收纳处、玩具处、书籍处相分离。

妈妈所在的客厅里放置婴儿床和婴儿用品。

收纳要点

家务育儿两不误的客厅领域　人人都有参与感

家有三个皇太子，分别是小学六年级、幼儿园小班、婴儿，学习用品和玩具在客厅里堆得到处都是，已然成为家中大患。为了让妈妈能有更多的精力兼顾育儿，客厅里只放婴儿用品，其他的个人用品都放到孩子们各自的房间里，自主管理自主收纳。把这个想法跟二儿子开诚布公，原以为孩子会撒着娇说不愿意，却得到肯定的回复，“我要在自己的房间自己玩！”

在未来的日子里，将文具、玩具、衣物等所有私人用品都存放到孩子们的房间里，让孩子们自行收纳和管理。盛夏的燥热里，虽然年长的孩子们也都还需要妈妈的陪伴，但看到挺着大肚子的妈妈汗流浃背的模样，他们都开始懂事地帮忙收拾。自那一日起，孩子们开始自觉地在自己的房间里玩耍，妈妈在客厅里看杂志的时间也充盈起来。

拆开包装袋，把尿不湿平整地摆放在抽屉里，易拿易取，十分便利。棉签、指甲刀、指甲油、纱布等一并放在抽屉外侧。

自从家里又多了一个宝宝以后，妈妈们的心灵也更加柔软起来。痴迷于平时无感的浪漫物件、陶醉于孩子气的原色物品，这些我都经历过。但是如果你原本喜欢素雅的感觉，请保持最初原原本本的你，不要被一时的心血来潮所迷惑哦。

哺乳期间，每天都会用到大量的婴儿用品。在陪伴婴儿的地方叠放好必需的婴儿用品，打开抽屉即可使用。笨重的背带只要设置好固定位置，使用起来也十分便利。随着宝宝一天天长大，一步步地打点旧物品、添置新物品。如果打开橱柜，看到的是清爽的画面，和孩子们共处的时候也会开心幸福起来。

1 客厅安置婴儿用品，美观大方、清爽整洁

直观方便　常用品必备

拆开包装袋，把尿不湿平整地摆放在抽屉里，易拿易取，十分便利。棉签、指甲刀、指甲油、纱布等一并放在抽屉外侧。

统一款型的衣架收纳让你的衣柜焕发整齐的美。洗好晾干后转移至衣柜里，省时又省力哦。

家里尚且只有一对混世魔王的时候，每天洗晒衣物便已精疲力竭。自打又添一子、工作量徒增后，除了榻榻米延续原有的收纳方法外，上衣类（如 T 恤、卫衣）都切换成悬挂式收纳法，洗晒后直接收入柜中。悬挂收纳容易让人产生凌乱感，这是因为衣服没有明确分类，不常用、不合身的衣服占据了一定的空间。将宝宝今后穿得到的衣物按尺寸分类，收纳于衣柜上层。

对穿衣打扮已有个人意志的大儿子来说，抽屉反而不能直观便捷地选取衣物，按照颜色将衣服逐一悬挂在衣柜里效果更佳。睡衣、裤子选用简单收纳的方式，孩子们也都能搭把手帮下忙。

2 切换成衣架收纳法

衣架选用同款同色系列

统一款型的衣架收纳让你的衣柜焕发出整齐的美。洗好晾干后转移至衣柜里，省时又省力哦。

孩子们玩耍起来，玩具扔得到处都是。如此之多之乱的玩具收拾起来，可谓浩瀚之工程。把宝宝今后用得到的玩具都收拾起来，只留下现在玩的玩具。一直以来的抽屉收纳法，因抽屉数量过多，常让人记不住特定玩具的具体存放位置。

“这个玩具是什么类型的？”“名字是否通俗易懂？”兄弟俩一边自问自答，一边把玩具收拾起来；一边用透明胶带加以文字标记，一边逐步克服心中的收纳恐惧。作为妈妈，没什么比看到哥哥敦促弟弟收拾房间更让人百感交集了。根据用途加以分类并冠以“武器装备”、“文件夹”之类的昵称，孩子们也更喜欢收拾玩具了。果然玩具的收拾

3 玩具分类收纳　放手让孩子去做

标签分类收纳法　简单明确又方便

收纳盒数量太多、让人难以分辨时，标签分类收纳法便闪亮登场了。

还得小主人们自己动手。

原本想着，等孩子们有了自己的房间以后，就给他们打制一套自己的课桌。但在空间有限的当下，房间里只放置学校、幼儿园的学习用品和教科书等。需要做作业的时候，下楼在客厅里完成即可。

等到大儿子上中学、宝宝上幼儿园的时候，准备书包收纳家具两套。玩具精简后，再为三兄弟打造各自独一无二的课桌吧。

现在也有很多家庭过着无课桌的生活，不用课桌就更有明确箱包收纳场所的必要了。把日常用品细致归类、明确收纳吧。

4 箱包的收纳场所

一目了然的位置为佳

市面上的书包收纳家具，高度适中，幼儿园的小朋友也能使用，绝了。

Case 2 Y家：即将步入小学的儿子

这是幼儿园大班儿子的房间。因为父母都是双职工，非常繁忙，大到幼儿园的日常事务，小到睡衣、服装的准备，都需要儿子自己动手。尽早学会自己的事情自己做也很不错。

儿子即将步入小学，数年后的中学考试也会接踵而至。如何打造一个可以轻松收纳的房间，让我们一同探讨一番。

另外，虽然玩具不多，但床底的收纳盒早已放满，玩耍后无从收纳也是妈妈的心病之一。

而且，他还是一个不敢独睡、依赖妈妈的小不点儿呢。

“他没有自己收拾过玩具，但很珍爱自己的宝贝，估计一件也舍不得丢。”虽然嘴上这么说，但儿子的战果却让妈妈大吃一惊。

爸爸小时候用过的床一直放在客房里。将客房加以布置，作为入学礼物送给儿子，也是父母的一份心意。

Before

房间的玩具已超载

一直以来都由妈妈代为收拾，看上去还算清爽整洁。
本次的目标是构建一个儿子能够独立收纳的房间。

妈妈的希望

- **渐渐能做到自己的事情自己做**
- **房间风格：安静沉稳，适合学习**

儿子的希望

- **想要一个自己的带梯子的床**

After

以儿子喜欢的蓝色为基调，既有男士风范，又能让人集中注意力。地板颜色较深，因而选择色彩明亮的家具与之相衬。

收纳要点

小学入学变身懂事大小孩 自己的房间自己快乐收纳！

即将步入小学，学习用品激增，空间的管理能力愈发显得重要起来。没有做好充足的准备便跌跌撞撞地步入小学，玩具文具混杂，物品刚买没用多久就找不到了，这样的家庭不在少数。小学入学虽不起眼，但也是十分重要的转折点。对即将步入小学的儿子来说，这既是兴奋期待的时节，又是学会独立、懂得担当的重要节点。

将需要管理的学习用品等明确告知后，**更为重要的一点是量力而行**。

孩子们都想快点长大，像个小大人一样，渴望被夸赞、被关注。“真棒，很有大男孩的风度。”“真厉害，简直就像大姑娘一样懂事。”听到这些溢美之词，孩子们无不涨红着脸蛋开心地回答道：“嗯！我已经不是与玩具为伴的小家伙了。妈妈我要买个书包去上学！”一边说着一边为自己打气，一副决心已定、意气风发的模样。看到为自己精心打造的房间后，孩子们兴奋地说：“今晚我就睡在这里！”这样也就克服了不敢独睡的心理障碍。

如果想培养孩子们学会自主收纳，建议从晚上准备次日物品开始。沐浴前自己准备替换的内裤和裤子，并以此为起点准备睡衣等物品。虽然都是芝麻大的小事，但也能为工作一天的妈妈减少一定的负担。这样的一小步，也是迈入自立自强人生的一大步。

接着，培养早起后叠被叠衣的好习惯，学着将睡衣随手放进收纳篓里。

在视线下方准备几个抽屉，一种物品对应一个抽屉，将生活必需品分门别类地分开收纳。这样一来，孩子们也能自如地收拾自己的衣物了。

1 睡衣、裤子，每晚自己准备换洗衣物

分类明确　分开收纳

抽屉里不能七七八八乱放一通。一个物品一层抽屉，取放更加明确便捷。

大多数家庭都是妈妈替孩子挑选衣服。渐渐地，妈妈们也要学着放权，让孩子们自己取放日用品，如袜子、手帕、纸巾等等。

外套的悬挂位置要与视线持平。用孩子的角度思考问题，这点十分重要。如果难以确定晾衣竿的具体位置，就留心孩子到家后的动态位置，再设置晾衣钩加以固定即可。

为了杜绝衣服随手丢在餐厅的椅背上的现象，我们需要自主自觉地创造收纳的环境。如果还不能使用衣架，就用 S 型钩代替吧。

2 从孩子的角度思考问题　让独立收纳成为可能

衣架收纳难以做到时

低年级的孩子也许很难做到将衣服悬挂在衣架上，此时操作简单的 S 型钩闪亮登场。

这次的收纳目标是玩具、部分衣物和学习用品。

减少玩具数量，以此确保课桌、书架的空间尤为重要。让我们先从玩具的取舍开始吧！

让孩子们自己设定分类标准：是几年以后还能用的玩具，还是婴儿时期的玩具？还能用的婴儿玩具可以送给朋友家的宝宝。让本以为很难抉择和取舍的妈妈大跌眼镜的是，孩子以迅雷不及掩耳之势将玩具分类，动作麻利地将必需玩具挑选出来，并进一步局部细分。

“真能干！”这恐怕是选择困难的妈妈最刮目相看的一件事。

3 玩具

孩子们都爱秘密基地风格的房间

床下诞生了秘密基地！孩子很喜欢这样具有独特魅力的私密空间哦！

Before

玩具太多了……

考虑到今后小升初的考试，早早地准备好书架，在此之前暂时存放玩具。想象一下今后几年的生活，模拟成长的轨迹，并将收纳场所可视化。

经常收到备考家庭的咨询请求，海量讲义囤积在家里无从下手。现实情况大多是，倘若不设置固定的摆放位置，客厅里孩子的讲义、试卷就会满天飞。对于最初没能预想到的事情，想好对策、反复审视，今后的生活才能更顺利。

如果空间不够，可将秘密基地的玩具精简一部分，用作备考学习基地，添置一个书架也值得考虑。

4 为未来保留空间

从长远考虑　确保一定的空间

精简玩具是为了将来上学后放置讲义和书籍。

小时候，18cm 高的抽屉即可满足所有衣物的收纳需求。等到孩子长到 110cm 左右，身形更加宽大以后，同样的抽屉已经不能正常使用了，抽屉取放不易的抱怨此起彼伏。这时就有必要将抽屉改造成纵深 23cm。这样一来，即便是大人们的衣服也能取放自如了。

5 衣服的抽屉

Before

救命！衣服要溢出来啦……

用成长的眼光设置抽屉的高度

衣服随着年龄一起增长，选用宽敞的抽屉较为合适哦。

物品密集会导致注意力分散。课桌边不放大书架，采用简洁自然的设计风格。房间以经典的灰银两色为主旋律，给人以沉着镇定的感觉。

考虑到孩子还小，房间空荡荡的或许会感到寂寞，于是将世界地图平铺在墙上，点缀以各个国家的国旗，花花绿绿的好不热闹。

笨重的书包放在椅子底座上，操作轻松、简单、方便。

6 学习用品周边

在视线死角处密集收纳

视线所至处不放一物，更有利于集中注意力。

第5章

家有收纳良方

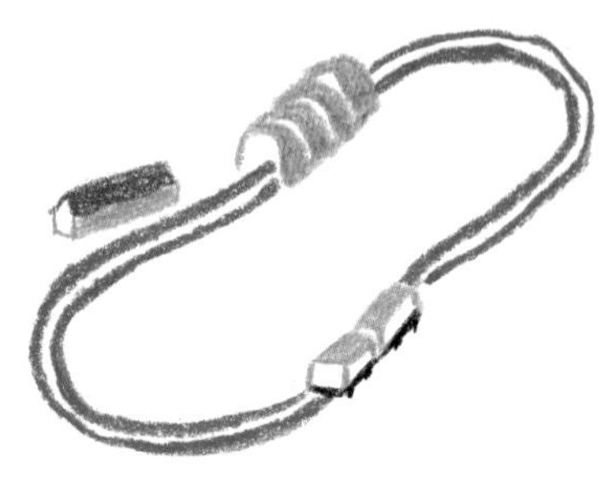

收纳用品大推荐

在孩子的成长过程中，会有很多值得珍藏的物品。妈妈们经常困惑地询问我，“这个应该收纳在哪里呢？”没错，“这个”已成为世上妈妈们的共同困惑了。下面就为大家介绍一下“这个”的具体收纳方法吧。

这个方法虽然不一定适用于每个家庭，但希望读者朋友们都能付诸实践，如若行不通再好好反思一下问题出在哪里，最后对方法进行加工改良。

另外一个问得最多的是收纳用品的选用问题。这个问题和“怎样放置”、“如何装饰”等问题存在着巨大差别。

在这里，我想向大家推荐几款适用性非常强的便捷收纳用品。在这个信息便捷的时代，让我们一起寻找快乐收纳的小伙伴！

日常用品

将每天的日常用品汇总起来，如学习教材、育儿书等。在房间、厨房、客厅里用美观的篮筐盛好，使用起来十分便利。

文件

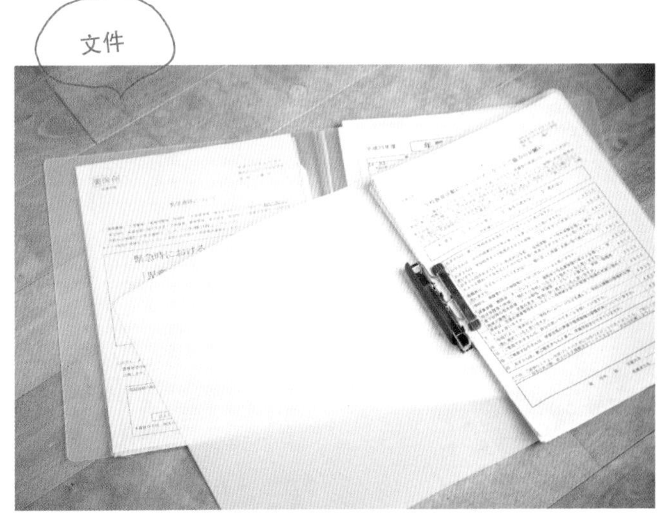

孩子们每天带回家的文件都需要具体的细化。每个孩子管理两个文件夹，手柄式文件夹里放一次性文件、可丢弃文件，重要的文件则放在易取易放的插销式文件夹里。（无印良品）

作品

虽然这个也很棒、那个也极好，但还是有选择地挑选了几幅最中意的作品珍藏。把最棒的几幅作品精裱起来，装饰于家中。

纪念品

经常有年长的妈妈们语重心长地对我说："孩子们的作品和纪念品都要好好保留着，以后到了叛逆期会起很大作用哦！"虽然想把孩子们的每一份佳作都珍藏起来，但心有余而力不足。挑选其中的集大成者，用密封型收纳盒、大型文件夹收藏起来。

幼儿园时期的作品如同浩瀚星河般丰富多彩，上了小学以后就会少一些吧。

越是职场妈妈，越应该珍惜帮女儿梳头发的时光。“今天想梳成什么样子的？”“今天想用蓝色的。”为了每天的幸福时光，按颜色分类收纳吧。（存储收纳）

孩子们的 DVD 随着年龄的增长越来越多。育儿类、歌舞类、电影类……为此，每人拥有一个 DVD 的专属天地。光碟册不用了直接丢弃就好。(无印良品)

“妈妈，我口渴。”每天这句台词都会念上成百上千次。每次放下手中的家务为孩子们端茶倒水有些不合情理，于是便将小麦茶放进底层抽屉里。这样一来，孩子们自己也可以操作，十分方便。

智力游戏

以前每次玩智力游戏，拼图都没能拼完整，经常散落得到处都是。每次都拼命地拼拼拼，实在是太麻烦了。后来，即使未完成的拼图也可以用图示方法妥妥地收纳起来。孩子们也可以自己收纳。

胶带

用胶带将收纳物品的内容明确标记出来，孩子们的收纳也会顺畅许多。因为用于文档分类的透明胶带，在收纳中使用率很高。(KING JIM)

便笺纸

即便不喜欢胶带，在记住具体的收纳位置前，也有必要将收纳内容明确标记出来。强烈推荐孩子们也能自如使用、易黏易撕的便笺卷纸。(YAMATO)

隔断

抽屉里的隔断大多都是方形的，圆形隔断容易造成空间上的浪费。

抽屉里的隔断盒可以用来存放袜子等小物品。市面上有很多颜色可以挑选哦。

孩子们的衣架推荐选用纯白色，清洗、晾晒、收纳皆可的塑料衣架为佳。

平时不常用的物品推荐选用折叠式收纳盒，以及置于高处、拿取自如的手柄式收纳盒。(IKEA)

文件夹

作为彩纸等细碎物品的收纳利器，文件夹当之无愧。每次去小伙伴们的家里玩，直接把文件夹带去就好。

第6章

致妈妈们：加油！铃木家的创意

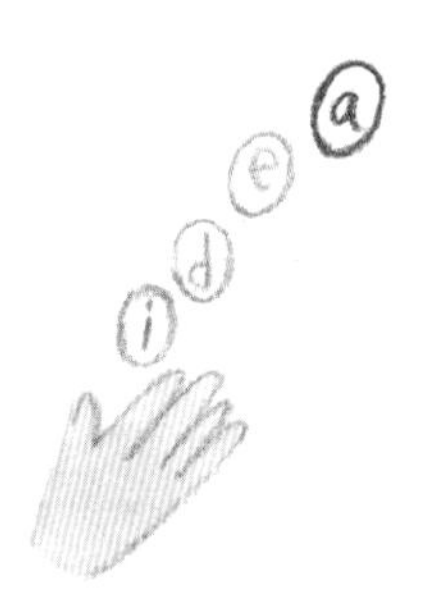

加油 *1*

因为是母亲，
所以更要张弛有道

不擅空间整理的人们通常都不擅打理自己的时间。（曾经，）我也不例外。做家庭主妇以来，不知不觉已经度过了好些个年头，做得不够好的时候数也数不清。

稍微努力了一下就来杯咖啡小资一下，以休息为由在网上消磨时间……最后才惊觉时间的迅猛而过。

白天没做好的事情拖到傍晚，一边捶胸顿足一边号啕着自己的不是。

直到某一天，看着自己的记事簿，我惊呆了。因为不擅长日常家务，每天用杂活逃避生活，该做的事情一直拖到了最后……必须得做点什么了，我一边这么暗想着，一边召开了一个人的家庭会议，将每日例行公事明确记录在案，并规定好固定的“营业时间”。

上午十点前一鼓作气大干一场，之后进入休息时间。下一阶段的“营业时间”是下午四点到晚上八点。这样可以将自己的时间和家人的时间相统一，休息时间里无论是看看杂志还是瞅瞅网页都没有问题。但是，值得注意的是“营业时间”不要发短信、网上聊天，不要做这类既耗时又分散注意力的事情。在张弛有度的时间管理下，和孩子共处的时间多起来了，家务也更擅长了，真是意想不到的收获呐。

无论多少，请为自己保留些独处的时间。无所事事也好，读读杂志看看书也好，去自己中意的店面瞧瞧也好，育儿的妈妈们都需要这样新鲜的刺激感。这样不起眼的独处时间可是家庭和美的重中之重哦。

加油 2

点到为止就好

以前的自己刻意追求完美，把家务做得一丝不苟，房间也收拾得井井有条，然后累瘫在美丽的房间里。太极端了。

现在的自己走的是随性风。家里既有一丝不苟、整洁如新的地方，也有简单收拾一下、不刻意而为之的地方。每天的清洁也只要做做表面，等到灰尘积攒到一定程度了再加以清理。不要为了收纳而生活，也不要为了家务而活着。制定一个宽松灵活的家庭机制是极好的。

当然也有太疲倦了、收纳事业难以为继的时候。这种时候倒不如早早休息，次日早起半小时突击清理一番。如果早上没有充裕的时间，就等到周末开展“一小时收纳大作战”吧。不要把这周的事情拖到下周，这永远是条黄金法则。

加油 3

爸爸控秘籍

孩子的爸爸，也就是我的丈夫，说难听点，并不是个多么出众的人。但一日夫妻百日恩，夫妻间也充盈着酸甜苦辣各种味道。

孩子刚出生的时候，从没有在孩子面前说过丈夫一句不是。大家肯定都觉得这不是理所应当的嘛，但事实并非如此。

即便是在大吵特吵后的冷战阶段，虽然心里余气未消，但还是会一如既往地对孩子们夸赞爸爸有多棒。“你们的爸爸可厉害啦！”父亲和孩子们的相处时间较之母亲要少很多，因此妈妈口头传递的影响力是不可小觑的哦。Duang~ 爸爸是家里的英雄！

爸爸和妈妈，更喜欢哪一个？每当问及此事，兄弟二人总会异口同声地回答道：“爸爸！！”

加油 4

不劳者不食

这是家规第一条。孩子两岁配膳，三岁淘米切菜，四岁清理浴缸，六岁清洗碗筷熨烫衣物。

并不是打打下手那样简单敷衍，而是将家务活托付于孩子们，每次打赏一元小费作为零花钱，以劳动换取酬金，除此以外不给多余的零用钱。

所谓的打下手，虽然也能起到一定的锻炼作用，但打下手倒不如把家务当成工作来完成。就算哪一天爸妈都离开人世了，孩子们还能好好地生活下去，家里也还能保持着现在的样子。细细想来，孩子们已经能够独自打点家中琐事了。偶尔被他人夸赞一番的时候，妈妈们都感到无比荣耀吧。

加油 5

你很优秀哦

育儿的日子里，会上演各种各样的桥段。孩子给别人添麻烦自不必说，即使没有，妈妈们都会对着孩子一阵教诲。这种望子成龙、望女成凤的期许往往只会得到孩子们不理解的叫嚷："真啰唆！真烦人！"最近我发现，但凡是擅长育儿的成功妈妈都拥有一个共性，就是在对孩子的优缺点了然于心的基础上，放大孩子的优点，虚化孩子的弱点。"看看，你还有这么多棒棒的地方呢！继续发挥自己优点吧！"如果天下的父母都能这样，孩子们一定会感到很幸福吧。"你很优秀哦！"真希望我能对自己的孩子们说一辈子。

结语

感谢大家一路相伴，一直读到最后的最后。

在星辰般浩渺的书海里，与这本书相遇相知，为这份真挚的缘分说声感谢。

曾几何时，我还是房间也收拾不好，孩子也带不好，蜷缩在角落里号啕大哭。那时的我，完全预想不到会有出书分享收纳经验这么一天。这也是身边的亲戚、朋友未曾预料到的。

不论是收纳，抑或是育儿，既没有钻研的机会，也没有交流的场所。

而且，身边的人都好像很擅长收纳，扑面而来的都是大家的经验之谈……这种感觉是不是经常出现呢？

在媒体面前大放异彩的收纳大师们都是生来具有收纳天赋的人，

按照他们的收纳方式努力过，最后都失败了，垂头丧气地继续生活着。

在我真正克服收纳恐惧、正式变身收纳达人、公开分享博客心得时，我意识到与其把自己吹得天花乱坠，倒不如说些现实的。“收纳也做不好、育儿也很无力”，像这种真实的废柴人生更容易引起大家的共鸣。在博客下回复的评论中，绝大部分都是同病相怜的妈妈们。原来还有这么多需要帮助的人，这让我惊叹不已。

正在读书的你，如果真的从书中获得了一些帮助和鼓励，这会让我感到由衷的欣慰。凡事都有一个过程，如果没有立显成效也不要气馁，要相信坚持不懈的努力一定会到达成功的彼岸！ FIGHT！

最后，我想对写作期间帮助过我的工作人员和家人朋友们说一句“谢谢大家！”

铃木尚子

2014 年 3 月

图书在版编目（CIP）数据

母子齐动手，快乐玩收纳 /（日）铃木尚子著；李昕昕译．—武汉：华中科技大学出版社，2015.8

ISBN 978-7-5680-0821-1

Ⅰ.①母…　Ⅱ.①铃…　②李…　Ⅲ.①家庭生活-基本知识　Ⅳ.①TS976.3

中国版本图书馆 CIP 数据核字（2015）第 083923 号

湖北省版权局著作权合同登记 图字：17-2015-059号

母子齐动手，快乐玩收纳　　［日］铃木尚子 著　李昕昕 译

策划编辑：罗雅琴
责任编辑：高越华
装帧设计：傅瑞学
责任校对：九万里文字工作室
责任监印：周治超
出版发行：华中科技大学出版社（中国・武汉）
武汉喻家山　邮编：430074 电话：（027）81321913
录　　排：北京楠竹文化发展有限公司
印　　刷：北京科信印刷有限公司
开　　本：880mm×1230mm　1/32
印　　张：5
字　　数：90 千字
版　　次：2015 年 8 月第 1 版第 1 次印刷
定　　价：35.00 元

本书若有印装质量问题，请向出版社营销中心调换
全国免费服务热线：400-6679-118，竭诚为您服务
華中出版